TU CHANGJIANBING
ZHENZHI
CAISE TUPU

畜禽常见病诊治
彩色图谱丛书

兔常见病诊治彩色图谱

顾宪锐　主编

U0230773

化学工业出版社

·北京·

图书在版编目（CIP）数据

兔常见病诊治彩色图谱／顾宪锐主编． —北京：化学
工业出版社，2017.1（2024.1重印）
（畜禽常见病诊治彩色图谱丛书）
ISBN 978-7-122-28763-2

Ⅰ．①兔… Ⅱ．①顾… Ⅲ．①兔病－诊疗－图谱
Ⅳ．① S858.291-64

中国版本图书馆 CIP 数据核字（2016）第 319257 号

责任编辑：邵桂林　　　　　　　　　装帧设计：史利平
责任校对：宋　玮

出版发行：化学工业出版社
　　　　　（北京市东城区青年湖南街 13 号　邮政编码 100011）
印　　装：北京缤索印刷有限公司
850mm×1168mm　1/32　印张 10　字数 268 千字
2024 年 1 月北京第 1 版第 8 次印刷

购书咨询：010-64518888
售后服务：010-64518899
网　　址：http://www.cip.com.cn
凡购买本书，如有缺损质量问题，本社销售中心负责调换。

定　　价：55.00 元

编写人员名单

主　　编　顾宪锐

副 主 编　金东航　韩若婵　周新锐　张春娜

编写人员（以姓氏笔画为序）

石　刚　杨　磊　李　浩　张志锐

张春娜　金东航　周新锐　郝满良

贾根生　顾宪锐　徐瑞涛　韩若婵

　　我国是世界上养兔数量最多的国家，其中长毛兔的饲养数量及兔毛产量均居世界首位，兔毛出口数量已占国际贸易量的90%左右；肉兔生产也已成为世界肉兔生产大国和兔肉主要输出国；皮用獭兔近年来也发展迅猛，成为养兔业中的一匹黑马。我国养兔有着悠久的历史和广泛的群众基础。兔毛是"长、松、白、净"的高档天然毛纺原料；兔肉具有"三高三低"（高蛋白、高赖氨酸、高消化率和低脂肪、低胆固醇、低热能）、肉质细嫩、味美香浓、营养丰富、久食不腻等优点，是胖人和心血管病患者的理想食品，一些国家妇女把兔肉称为"美容肉"、"健美肉"和"益智肉"。獭兔皮的毛色类型多，毛色纯正，绚丽悦目，绒毛严密柔软，制成的裘皮制品具有轻柔、美观、保暖、轻便等优点，深受人们的喜爱。兔粪可作为肥料和饲料。兔头、兔脚、兔骨等均可加工成饲料，还可出口，兔的内脏可提炼出几十种高级药品。长毛兔养殖、肉兔养殖和獭兔养殖均可成为广大农民发家致富的好门路、农民增收的好途径和农民发展经济的好手段。养兔业具有投资少、成本低、见效快、效益高的特点，是一项符合我国国情的养殖产业。

　　随着我国国民经济的快速发展和人们生活水平的不断提高，对畜产品的需求越来越多。兔毛、兔肉、兔皮因其各自的特点，成为今日人们追捧的对象，因而需求量日益增长，这大大促进了养兔业的发展。为了有效地预防、诊断和治疗兔病，使兔的发病率和死亡率控制在最小程度，以便促进养兔业健康、稳定发展，笔者根据我国当前养兔生产实际需要，编写了《兔常见病诊治彩色图谱》一书。本书将养兔生产中的一些常见传染病、寄生虫病、内科病、外科病、产科病、代谢病和中毒病等分门别类地列出，阐述了87种兔的常见疾病，每种疾病基本上是从病原、流行特点、临诊症状、病理变化、诊断、防控等方面作了简明扼要的阐述，并配以彩图，以做到直观明了、通俗易懂。

本书内容简明扼要、图文并茂，实用先进，可操作性强，可供养兔生产企业、专业户、基层畜牧兽医工作者、企业技术人员使用，也可为大专院校畜牧兽医专业学生、教师和科研人员提供参考。

由于编者知识和专业经验的局限，书中疏漏甚至不科学之处在所难免，敬请有关专家、广大同仁和读者不吝赐教，给予批评指正，以便今后不断改进和完善。

在本书的编写过程中，我们引用参考文献数量和网络内容较多，由于篇幅所限，不便一一列出，在此敬请资料作者见谅，并表示衷心的感谢。

编　者

2017年1月于保定

兔常见病诊治彩色图谱

CONTENTS ➡ **目 录**

第一章 传染病

第二章　寄生虫病

第三章　内科病

第四章　外科病

第五章 产科病

第六章 代谢病和中毒病

参考文献

第一章

传染病

一、兔病毒性出血病（兔瘟）

兔病毒性出血病又名兔出血性肺炎、兔出血症，俗称兔瘟。是由兔病毒性出血症病毒感染兔引起的一种急性、败血性、高度接触性传染病，以呼吸系统出血、肝坏死、实质脏器水肿、淤血及出血性变化为特征。本病最早于1984年春季在我国江苏省江阴县发现，以后迅速蔓延至全国25个省、市、自治区，除我国外，亚洲、美洲、非洲、欧洲等世界各国均有发生。该病主要危害兔，目前还未见其他动物发病的报道。本病常呈暴发性流行，发病率及病死率极高，是养兔业一大灾害。

【病原】病原是兔出血症病毒，属于嵌杯状病毒科，有核衣壳，无囊膜，为二十面立体对称结构，呈球形，直径为25～35nm，表面有短的纤突（图1-1-1）。病毒有三条结构多肽，分子量分别VP$_1$76 000、VP$_2$62 000、VP$_3$52 000，VP$_3$为主要多肽。病毒具有凝集人的O型红细胞的能力。全国各地来源的不同毒株具有相同的抗原型。兔出血症病毒免疫原性很强，无论是自然感染耐过兔，还是接种疫苗的免疫兔，均可产生坚强的免疫力。新生仔兔可从胎盘和母乳中获得母源抗体，抗体水平与母体几乎相同。病毒存在于病兔所有的器官组织、体液、分泌物和排泄物中，以肝、脾、肺、肾及血液含量最高。该病毒可在乳鼠体内生长增殖，引起规律性发病死亡，且可回归兔发病死亡。因此可用乳鼠作为实验动物模型进行种

图1-1-1 兔出血症病毒形态

毒保存、病毒特性测定及血清中和试验。病毒对氯仿和乙醚不敏感，能耐酸和50℃40分钟处理。含毒病料（如肝）保存于-20～-8℃冰箱中560天和室内污染环境经135天仍有致病性，病毒对紫外线和干燥等不良环境的抵抗力较强。1%氢氧化钠4小时，1%～2%甲醛、1%漂白粉3小时，2%农乐1小时才被灭活。生石灰和草木灰对病毒几乎无作用。

【流行特点】本病在新疫区多呈暴发性流行。在成年兔、肥壮兔和良种兔中的发病率可达100%，病死率可达90%以上甚至100%。病势凶猛，在一个兔场或一个养兔户，从第一只感染兔倒毙到最后一只兔死亡，历时往往仅8～10天。一般疫区的平均病死率78%～85%。本病只发生于家兔和野兔。不同品种和不同性别的兔都可感染发病，长毛兔的易感性高于皮肉兔。2月龄以上的青年兔和成年兔的易感性最高，2月龄以内的仔兔易感性较低。哺乳期的仔兔一般不发病死亡。用活毒接种兔以外的多种动物后，鸡和猪未检出抗体，牛、羊、犬、猫、豚鼠、鸭、鸽则能测出特异性抗体，仓鼠、大鼠和小鼠虽无明显症状，但都不同程度地有与兔相仿的组织病理学变化。这些动物有可能成为隐性带毒者。病死兔、隐性感染兔和带毒的野兔是传染来源。它们通过粪便、皮肤、呼吸和生殖道排毒。除病兔和健兔直接接触传染外，也可通过被污染的饲料、饮水、灰尘、用具、兔毛、环境以及饲养管理人员、皮毛商人和兽医的手、衣服与鞋子等间接接触传播。消化道是主要的传染途径。皮下、肌内、静脉注射、滴鼻和口服等途径人工接种，均易感染成功。本病在老疫区多呈地方性流行，一年四季都可发生，但北方一般以冬、春寒冷季节多发。这可能与气候寒冷、饲料单一、兔体抵抗力下降有关。本病一旦发生，往往迅速流行，常给兔场带来毁灭性后果。

【临诊症状】自然感染的潜伏期2～3天，人工感染的潜伏期38～72小时。根据临诊症状可分为最急性、急性、慢性和沉郁型四个型，其中最急性和急性多数发生于青年兔和成年兔。

(1) 最急性型　多见于流行初期或非疫区。部分感染兔突然发病，迅速死亡，几乎没有什么明显的症状，一些正在采食的兔突然倒地，抽搐、鸣叫而死（图1-1-2）。部分病例体温升高到41℃，稽留6～8小时死亡。有的鼻孔出血（图1-1-3），肛门附近带有胶冻样分泌物（图1-1-4）。

图1-1-2 最急性型兔瘟感染兔采食时突然倒地而亡

图1-1-3 最急性型兔瘟
死亡兔的鼻孔出血

图1-1-4 最急性型兔
瘟死亡（病兔的肛门附
近的胶冻状分泌物）

图1-1-5 急性型兔瘟死亡病兔死前表现为全身颤抖，
倒向一侧，四肢划动，惨叫而死

　　（2）急性型　多在流行中期发生，在整个病程中占多数。感染兔体温升高到41℃以上，食欲减退，渴欲增加，精神委顿，皮毛无光泽，迅速消瘦。死前短期兴奋、挣扎、狂奔、咬笼架，继而前肢俯伏，后肢支起，全身颤抖，倒向一侧，四肢划动，惨叫几声而死（图1-1-5）。病兔死前肛门常松弛，流出附有淡黄色黏液的粪球

图1-1-6 附有淡黄色黏液的粪球

图1-1-7 鼻孔流出带泡沫的血色液体

（图1-1-6），肛门四周被毛也被这种淡黄色黏液污染。部分病兔鼻孔流出带泡沫的血色液体（图1-1-7）。病程1～2天。

（3）慢性型 多见于老疫区或流行后期。潜伏期和病程较长。感染兔体温升高到41℃左右，精神委顿，食欲不振，被毛杂乱无光泽，最后消瘦、衰弱而死。有的病兔站立不稳，甚至瘫痪（图1-1-8）。有些病兔可以耐过，但生长迟缓、发育较差，常常带毒和从粪中排毒至少一个月之久。

图1-1-8 慢性型兔瘟病兔出现瘫痪

图1-1-9 沉郁型兔瘟病兔趴卧一隅

（4）沉郁型　沉郁型是兔瘟的一种新类型。多发生于幼兔、疫苗注射过早而又没有及时加强免疫的兔、注射多联苗的兔、注射了效力不足的疫苗的兔、免疫期刚过而没有及时免疫的兔等。患兔精神不振，食欲减退或废绝，趴卧一隅（图1-1-9），渐进性死亡。死亡后仍趴卧原处，头触地，好似睡觉，其浑身瘫软，用手提起，似皮布袋一般。

【病理变化】剖检可见特征病变主要包括：

① 气管和支气管内有泡沫状血液（图1-1-10），鼻腔、喉头和气管黏膜瘀血和出血；肺脏严重充血、出血，一侧或两侧有数量不等的粟粒至绿豆大的出血斑点（图1-1-11），切开肺脏时流出大量红色泡沫状液体。

图1-1-10 气管和支气管内有泡沫状血液

图1-1-11 肺脏有数量不等的粟粒至绿豆大小的出现斑点

②肝淤血、肿大、质脆，被膜弥漫性网状坏死，而致表面呈淡黄或灰白色条纹（图1-11-12），切面粗糙，流出多量暗红色血液。

③其他剖检病变，可见胆囊肿大，充满稀薄胆汁（图1-1-13）。部分病例脾脏充血增大2～3倍（图1-1-14）。肾皮质有散在的针尖状出血点（图1-1-15）。部分病例心脏扩张淤血，少数心内外膜有出血点（图1-1-16）。胸腺肿大，常出现水肿，并有散在性针尖至粟粒

图1-1-12 肝脏淤血，肿大，质脆，表面有淡黄色条纹

图1-1-13 胆囊肿大，充满稀薄胆汁

图1-1-14 脾脏充血肿大

图1-1-15 肾皮质有散在的针尖状出血点

图1-1-16 心外膜的出血点

大出血点（图1-1-17）。胃肠多充盈，胃的部分黏膜脱落，小肠黏膜充血、出血（图1-18）。肠系膜淋巴结肿大。妊娠母兔子宫充血、瘀血和出血。膀胱积尿（图1-1-19）。多数雄性病例睾丸瘀血。

图1-1-17 胸腺肿大，水肿，有散在性针尖至粟粒大出血点

图1-1-18 胃肠充盈，肠道点状出血

图1-1-19 膀胱积尿

组织学变化包括非化脓性脑炎，脑膜和皮层毛细血管充血及微血栓形成。肺出血、间质性肺炎、毛细血管充血、微血栓形成。肝细胞变性、坏死。肾小球出血、肾小管上皮变性、间质水肿、毛细血管有较多的微血栓形成。心肌纤维变性、坏死、肌浆溶解和纤维断裂消失以及淋巴组织萎缩等。

【诊断】在疫区根据流行病学特点、典型的临诊症状和病理变化，一般可以作出诊断。在新疫区要确诊可进行实验室的病毒检查和血清学试验。

（1）病毒检查　取肝病料10%乳剂，超声波处理，高速离心，收集病毒，负染色后电镜观察，可发现一种直径25～35nm，表面有短纤突的病毒颗粒。

（2）血凝和血凝抑制试验　肝病料10%乳剂高速离心后的上清液与用生理盐水配制的0.75%人O型红细胞悬液进行微量血凝试验，在4℃或25℃作用1小时，凝集价大于1∶160判为阳性。再用已知阳性血清做血凝抑制试验，如血凝作用被抑制（血凝抑制滴度大于1∶80为阳性），则证实病料中含有本病毒。

（3）其他实验室方法　琼脂扩散试验、酶联免疫吸附试验（ELISA）及荧光抗体等试验对本病也有诊断价值。

【鉴别诊断】兔瘟应与兔巴氏杆菌病和兔魏氏梭菌病区别开。

（1）兔巴氏杆菌病　兔巴氏杆菌病无明显年龄界限，多呈散发或地方性流行，急性病兔无神经症状，肝不显著肿大，但表面上有散在灰白色坏死灶，脾肿大不显著，肾不肿大。兔巴氏杆菌病病型复杂，可表现为败血症型、鼻炎型、肺炎型、中耳炎型等，可从病料中分离出巴氏杆菌。用抗生素和磺胺类药物治疗有效。此外两种疾病的病原不同，巴氏杆菌两极染色，而本病为病毒。

（2）兔魏氏梭菌病　魏氏梭菌病有肠炎、下痢症状，剖检、盲肠浆膜有鲜红出血斑特征，而兔瘟无此特征，可作初步区别。再用肝病料做人"O"型红细胞凝集试验，魏氏梭菌不凝集人的"O"型红细胞，凝集试验是阴性反应，而兔瘟凝集人"O"型红细胞，所以凝集试验呈阳性反应，即确诊。

【防控】

（1）预防　疫苗免疫是预防兔病毒性出血症的关键措施。同时兔场应加强饲养管理，平时坚持定期消毒和切实有效执行兽医卫生防疫措施，加强检疫与隔离。禁止外人进入兔场，更不准兔及兔毛商贩进兔舍购兔、剪毛。新引进的兔需要隔离饲养观察至少2周，无病时方可入群饲养。目前使用得较多的疫苗是兔病毒性出血症灭活苗或兔病毒性出血症-兔巴氏杆菌病二联灭活苗，一般20日龄首免，2月龄加强免疫1次，以后每6个月免疫1次。兔场根据本地条件还可用兔瘟-巴氏杆菌病-魏氏梭菌病三联苗注射免疫。

（2）治疗　目前尚无有效治疗兔病毒性出血症的化学药物。兔群一旦发病，应该立即划定疫区，封锁、隔离病兔，采取彻底消毒等措施。对兔群中没有临诊症状的兔用兔病毒性出血症疫苗实行紧急接种疫苗，按兔大小每只注射2mL。临诊症状较轻的病兔注射高免血清进行治疗，成年兔3～4mL，仔兔及青年兔2～3mL，具有较好疗效。待病情稳定后，再注射兔病毒性出血症疫苗。临诊症状危重的病兔可扑杀，尸体深埋或无害化处理。病、死兔污染的环境和用具等进行彻底消毒。

对于慢性型和沉郁型的病兔，可静脉或腹腔注射20%葡萄糖盐水10～20mL、庆大霉素4万单位，并肌注板蓝根注射液2mL及维生素C注射液2mL。或用等份的板蓝根、大青叶、金银花、连翘、黄芪，混合后粉碎成细末（此即为"兔瘟散"），幼兔每次服1～2g，日服2次，连用5～7天；成年兔每次服2～3g，日服2次，连用5～7天；也可拌料喂食。以上有一定效果。

二、兔痘

兔痘是由兔痘病毒引起兔的一种急性、热性、高度接触性传染病。各种年龄兔均可发生，以幼兔、妊娠母兔发病率和死亡率高。临诊表现淋巴结肿大，眼炎，皮肤上出现红斑与丘疹。其特征是皮肤痘疹和鼻眼内流出多量分泌物。本病直接对兔业的皮、毛收购带来巨大的经济损失。

【病原】病原为痘病毒科正痘病毒属的兔痘病毒。为双股脱氧核糖核酸（DNA）病毒，多砖形或圆形的病毒粒子（图1-2-1），在抗原性与牛痘病毒很接近，各种动物的痘病毒分属于各个属，各属病毒在形态、构造、化学成分和抗原性方面大同小异。兔痘病毒易在10～12日龄的鸡胚绒毛尿囊膜上繁殖，可产生小痘疱病灶。细胞培养，兔痘病毒能在兔肾脏、睾丸和兔胚单层细胞内繁殖，细胞出现病变和空斑，在病变细胞浆内有包涵体。兔痘病毒可分为痘疱型和非痘疱型，前者能凝集鸡红细胞，后者不能凝集鸡红细胞。本病毒对热、阳光及多数消毒剂敏感，58℃时5分钟即被杀死，但耐干燥和低温，在干燥的空气中，可存活40～50天左右。

【流行特点】本病只有家兔能自然感染发病，各年龄家兔均易感，但幼兔和妊娠母兔致死率较高。病兔为主要传染源，其鼻腔分泌物中含有大量病毒，污染环境，通过呼吸道、消化道、皮肤创伤和交配而感染。本病在兔群中传播极为迅速，常呈地方性流行或散发。幼兔死亡率可达70%，成年兔为30%～40%。

图1-2-1 痘病毒

【临诊症状】本病潜伏期2～9天，后期达14天。病兔初期表现发热至41℃，流鼻液，呼吸困难。全身淋巴结尤其是腹股沟淋巴结、腘淋巴结肿大坚硬。发病5天后在皮肤出现红斑性疹，发展为丘疹，丘疹中央凹陷坏死成脐状，最后干燥结痂。病灶多见于眼睑、耳、口、腹背和阴囊处（图1-2-2）。病兔轻者表现羞明流泪呈眼睑炎，严重者发生化脓性眼炎或弥漫性、溃疡性角膜炎，甚至角

图1-2-2 兔痘病兔耳朵出现的丘疹

图1-2-3 兔痘病兔眼睛表现的弥漫性角膜炎

图1-2-4 兔痘病兔睾丸出现的炎性肿胀

膜穿孔，患虹膜炎和虹膜睫状炎（图1-2-3）。公母兔生殖器均可出现水肿，发炎肿胀（图1-2-4），孕兔可流产。通常病兔有运动失调、痉挛、眼球震颤、肌肉麻痹的神经症状。病兔经7～10天死亡，也有的几周内死亡。

自然发病的兔痘，病兔表现发热、不食、精神不安，出现结膜炎和下痢，无丘疹感染病兔一周内死亡。据报道，病兔经5天潜伏期后，病兔表现食欲废绝、腹泻，一侧或两侧眼睑炎（图1-2-5）。1～2天后，在口、鼻、耳廓、腹部、背部、阴囊皮肤，肛门和肛门周围出现斑点，然后变成1cm，微凸红色坚硬的丘疹（绝不变成水疱和脓疱症），还能发生在生殖器官上。个别病例有神经症状，表现运动失调、痉挛、眼球震颤，有些肌群发生麻痹。肛门、尿道括约肌发生麻痹，同时继发支气管肺炎、喉炎、鼻炎、胃肠炎，妊娠母兔流产。感染7～10天死亡，慢性拖至几周死亡。

【病理变化】病变主见皮肤、口腔、呼吸道及肝、脾、肺等出现丘疹或结节；淋巴结、肾上腺、唾液腺、睾丸和卵巢均出现灰白色坏死结节；相邻组织发生水肿和出血。

图1-2-5 兔痘病兔表现的眼睑炎

【诊断】根据临诊症状和病理变化，不难做出初步诊断。确诊需分离鉴定病毒，或做血凝抑制试验等血清学试验。

【鉴别诊断】本病特征性临诊症状是皮肤上出现红斑性疹，发展到丘疹，丘疹干燥形成浅表痂皮，绝不形成水疱和脓疱，可与兔的葡萄球菌病加以鉴别。其次将病料涂片镜检，可见包涵体，而葡萄球菌为革兰氏阳性菌，镜下可见圆形或卵圆形葡萄串状金黄色葡萄球菌。

【防控】平时加强饲养管理，做好兔舍的清洁卫生工作，对兔粪、尿及时清除，可用3%石炭酸、0.1%碘液、百毒杀等进行消毒，对有临诊症状的病兔进行隔离、治疗或淘汰。目前在对本病的传染来源还不太明确的情况下，为了防止继发感染可用抗菌药物口服或注射，同时在饲料内添加抗病毒药物和多种维生素（最好添加复合维生素B），增强皮肤抵抗力以减少本病的发生。受疫情威胁时，可用牛痘苗作预防注射。据资料介绍，国外用利福平对兔痘病毒有效，也可用中药治疗；对局部用0.1%高锰酸钾清洗，后用碘甘油或紫药水涂擦。

三、兔传染性水疱口腔炎

兔传染性水疱口腔炎是由水疱性口炎病毒引起的一种急性、热性传染病，其特征是口腔黏膜发生水疱性炎症并伴有大量流涎，故又称"流涎病"。

【病原】水疱性口炎病毒属于弹状病毒科、水疱病病毒属。病毒粒子呈子弹状或圆柱状（图1-3-1），有囊膜，大小为176nm×69nm，含单股脱氧核糖核酸，对脂溶剂敏感。病毒可在7～13日龄鸡胚绒毛尿囊膜上及尿囊腔内生长，于24～48小时内使鸡胚死亡。在猪和豚鼠的肾细胞、鸡胚上皮细、牛舌、猪胎、羔羊睾丸细胞培养中有致细胞病变作用，并能在肾细胞单层培养上形成蚀斑。病毒在多种细胞中繁殖可以产生血凝素，并在0～4℃、pH 6.2的条件下凝集鹅红细胞。病毒存在于病兔水疱液、水疱皮、口腔黏膜坏死组织、唾液和局部淋巴结中。家兔口腔黏膜涂布感染，可引发本病。

病毒在4℃条件下能存活30天；在50%甘油生理盐水中保持于4℃冰箱内，能存活3～4个月；在-20℃条件下能长期长期存活；

图1-3-1 水疱性口炎病毒的病毒粒子

加热至60℃及在阳光的作用下，病毒很快失去毒力。2%氢氧化钠或1%福尔马林，能在数分钟内杀死病毒。

【流行特点】自然情况下，本病主要侵害1～3月龄的幼兔，最常见的是在断乳后1～2周龄的仔兔，成年兔较少发生。病兔是主要传染源，其口腔分泌物及坏死黏膜内含有大量病毒。其传播途径以消化道为主，健康兔食入被病兔口腔分泌物或坏死黏膜污染的饲料或水，即可感染。肌内注射也可感染。饲喂发霉饲料或口腔黏膜存在损伤等情况时，更易诱发本病。本病不感染其他家畜。一般在春秋两季发病率较高。

【临诊症状】本病潜伏期3～7天。被感染的家兔病初舌、唇和口腔黏膜潮红、充血，继而出现粟粒大至扁豆大的水疱和小脓疱（图1-3-2），其内充满纤维素性清液，不久水疱和脓疱破溃，发生烂斑，形成大面积的溃疡面，同时有大量唾液（口水）沿口角流出（图1-3-3），使得唇外周围、颌下、颈部、胸部和前爪的被毛湿成一片，局部皮肤常发生炎症和脱毛（图1-3-4）。常由于细菌的继发感染，引起唇、舌、口腔及其他部位黏膜坏死，并伴有恶臭。病兔不

图1-3-2 传染性水疱口腔炎 病兔的舌、唇和口腔黏膜出现粟粒大的水疱和小脓疱

图1-3-3 传染性水疱口腔炎 病兔大量口水沿口角流出

图1-3-4 传染性水疱口腔炎 病兔唇外周围、
颌下的被毛湿成一片，皮肤发生炎症

能正常采食，继发消化不良，食欲减退或废绝，精神沉郁，个别兔体温升高（重者体温可升至41℃左右）并常发生腹泻，日渐消瘦，虚弱。一般病后5～10天衰竭而死亡。发病率为65%左右，死亡率常在50%以上。

【病理变化】剖检可见兔唇、舌和口腔黏膜有水疱、糜烂和溃疡；咽和喉头部聚集有多量泡沫样唾液，唾液腺轻度肿大发红；胃扩张，充满黏稠的液体；肠黏膜特别是小肠黏膜有卡他性炎症变化；尸体十分消瘦。

【诊断】根据本病大小水疱病变、特征性流涎症状、易发兔龄及发病有明显的季节性等流行特点，一般可做出诊断。必要时通过实验室检查确诊。

实验室检查，采取患兔的水疱液、水疱皮或口腔分泌物等病料以Hank's液作1：5稀释，加入抗生素，用6号玻璃滤器过滤，滤液接种于兔肾原代单层细胞或BHK-21细胞株，如有本病毒存在，常于接种后8～12小时发生细胞病变，并可用已知抗体鉴定所分离的病毒，也可应用已知病毒检查康复血清中和抗体浓度，进行诊断。

【鉴别诊断】本病没有兔痘那样的皮肤性丘疹、眼炎及内脏器官病变，两者易于区别。本病舌、唇和口腔黏膜有水疱、脓疱和溃疡面，这可与化学刺激剂、有毒植物、霉菌引起兔的口炎相区别。

【防控】

（1）预防　平时应加强饲养管理，不要饲喂带有芒刺的饲草和霉烂变质的饲料，清除饲草料中的尖锐物，以防尖锐物损伤口腔黏膜；防止引进病兔，引入种兔必须隔离饲养观察1个月以上，健康兔方可混群；春、秋两季更要严格采取卫生防疫措施，定期用2%氢氧化钠或0.5%过氧乙酸或1%福尔马林对兔舍、兔笼及其他用具消毒；兔群中发现病兔立即隔离，同时进行消毒，并进行对症治疗。

（2）治疗　本病目前没有特效治疗方法，对病兔可做一些对症治疗，并用抗菌药物控制继发感染。对病兔和疑似病兔，用磺胺二甲基嘧啶治疗，0.1g/kg体重口服，每日1次，连服3天，并用小苏打水作饮水；或用病毒灵1片（0.2g），复方新诺明1/4片（0.125g），维生素B₁、维生素B₂各1片，共研磨，为1只兔1次内服量，每天2次，连服2天；或口服六神丸3粒，1日3次，连服2～3日；也可用大青叶10g、黄连5g、野菊花15g，煎汤内服，此药量为5只兔1次剂量。局部治疗可用消毒防腐药液（如2%硼酸溶液、2%明矾溶液、0.1%高锰酸钾溶液、1%盐水等）冲洗口腔，然后涂擦碘甘油，每天1次，连用4天；也可用青黛散（青黛10g、黄连10g、黄芩10g、儿茶6g、冰片6g、明矾3g研细末即成）涂擦或撒布于病兔口腔，1日2～3次，连用2～3天。中药还可用黄芩粉、冰硼散等，用法同青黛散。

对病兔群中未发病兔，可用磺胺二甲基嘧啶预防，每千克精料拌入5g，或0.1g/kg体重口服，每日1次，连用3～5天。

四、兔黏液瘤病

兔黏液瘤病是由兔黏液瘤病毒引起的一种高度接触传染性和高度致死性传染病，以全身皮肤，尤其是面部和天然孔周围发生黏液瘤样肿胀为特征，因切开黏液瘤时从切面流出黏液蛋白样渗出物而得名。本病被OIE列为B类疫病，我国将其列为输入的疾病。本病为一种自然疫源性疾病，最早于1896年发现于乌拉圭。目前全球已有56个国家和地区发生本病，随着国外种兔的进口，本病传入我国的危险性甚大，应予高度警惕。

【病原】兔黏液瘤病毒属痘病毒科兔痘病毒属成员。病毒粒子呈砖形，大小280nm×230nm×75nm（图1-4-1）。在抗原上与兔纤维瘤病毒有亲缘关系，血清学上存在交互反应，且可与纤维瘤病毒发生遗传复活现象，即将本病毒75℃加热或用乙醚处理灭活后，加入活的松鼠纤维瘤病毒，混合后接种家兔，可因黏液瘤病毒复活而使家兔发生典型的黏液瘤。本病毒包括几个不同毒株，具有代表性的是南美毒株和美国加州毒株。各毒株间的毒力和抗原性互有差异，这与病毒基因组大小有关。本病毒易在鸡胚绒尿膜上生长繁

图1-4-1 兔黏液瘤病毒粒子呈砖形

殖，并形成特殊痘斑。病毒还可在鸡胚成纤维细胞、兔肾细胞和兔睾丸细胞培养中繁殖，产生典型的痘病毒细胞病变，即胞浆包涵体和核内空泡。本病毒存在于病兔全身体液和脏器中，尤以眼垢和病变部皮肤渗出液中含量最高。病毒抵抗力低于大多数其他症病毒。病毒不耐pH4.6以下的酸性环境。对热敏感，55℃10分钟、60℃数分钟内被灭活。但病变部皮肤中的病毒可在常温下存活好几个月，如置50%甘油盐水中，更可长期保持其活力。本病毒对干燥的抵抗力相当强，在干燥的黏液瘤结节中可保持毒力达3周之久。对石炭酸、硼酸、升汞和高锰酸钾有较强的抵抗力，但对福尔马林则较敏感，0.5%～2%福尔马林液1小时可使之致死。对乙醚敏感但能抵抗去氧胆酸盐和胰蛋白酶，这是本病毒的特有性质。

【流行特点】本病只侵害家兔和野兔，人和其他动物无易感性。在野兔中易感性差异很大，家兔和欧洲野兔最为易感，可引起全身症状，病死率很高。棉尾兔和田兔有抵抗力，北美野兔仅引起局部良性的纤维瘤。

病兔和带毒兔是传染源，以病兔眼垢和病变部皮肤的渗出液中含毒量最高。本病的主要传染方式是与病兔或带毒兔的直接接触，或与其污染物的间接接触而传染。可经呼吸道飞沫传播，在自然界中最主要的传播方式是通过节肢动物媒介叮咬传播。最常见的是蚊和蚤，病毒在媒介昆虫体内并不繁殖，仅起单纯的机械传播作用。伊蚊、库蚊、按蚊、兔蚤、刺蝇、蜱、螨和蚋等昆虫甚至秃鹰和乌鸦等鸟类都可传播病毒。

　　本病发生有明显季节性，夏秋季为发病高峰季节。在蚊虫大量孳生季节，尤其是洼湿地带发病最多。冬季蚤类是主要的传播媒介。黏液瘤病毒在蚊体内可越冬，在兔蚤体内能存活105天以上，在蚊体内可活存达7个月之久。本病还有周期性趋向，每8～10年流行1次。

　　【临诊症状】潜伏期4～11天，平均约5天，由于毒株间毒力差异较大和兔的不同品种及品系间对病毒的易感性高低不同，所以本病的临诊症状比较复杂。

　　感染强毒力南美毒株的易感兔，3～4天即可看到最早的肿瘤，但要第6天、7天才出现全身性肿瘤。病兔眼睑水肿，黏脓性结膜炎和鼻漏（图1-4-2），头部肿胀呈"狮子头"状（图1-4-3）。耳根、会阴、外生殖器和上下唇显著水肿。身体的大部分、头部和两

图1-4-2 病兔眼睑水肿，黏脓性结膜炎和鼻漏

图1-4-3 头部肿胀呈"狮子头"状

耳，偶尔在腿部出现肿块。初硬而凸起，边界不清楚，进而充血，破溃流出淡黄色的浆液。病兔直到死前不久仍保持食欲。病程一般8～15天，死前可能出现神经症状，病死率几乎达100%。

感染毒力较弱的南美毒株或澳大利亚毒株，病兔仅表现轻度水肿，有少量鼻漏和眼垢以及界限明显的肿瘤结节，病死率低。

另外，近年来，在一些集约化养兔业较发达的疫区，还表现为呼吸型。潜伏期长达20～28天，接触传染，无媒介昆虫参与，一年四季都可发生。初期为卡他性鼻炎，继而表现为脓性鼻炎和结膜炎（图1-4-4）。皮肤病损轻微，仅在耳部和外生殖器的皮肤上见有炎症斑点，少数病例的背部皮肤有散在性肿瘤结节。

痊愈兔可获18个月的特异性抗病力。

【病理变化】特征性的眼观病变是皮肤肿瘤结节（图1-4-5）、皮肤和皮下组织显著水肿，尤其是颜面和身体天然孔周围的皮下组织充血、水肿，皮下切开见有黄色胶冻液体聚集。液体中含有处于分裂期的黏液瘤细胞和白细胞。皮肤可见出血。胃肠浆膜和黏膜下有出血斑点（图1-4-6）。心内外膜可见出血点，有时脾肿大，淋巴结水肿或出血。

皮肤肿瘤切片检查，可见许多大型的星状细胞-未分化的间质细胞、上皮细胞肿胀和空泡化。在上皮细胞胞浆内含有嗜酸性包涵体，包涵体内有蓝染的球菌样小颗粒即原生小体。

图1-4-4 病兔表现脓性鼻炎和结膜炎

图1-4-5 皮肤肿瘤结节

图1-4-6　肠浆膜的出血斑点

【诊断】

（1）初步诊断　根据本病的特征性临诊症状和病理变化，结合流行特点不难作出诊断。但在新疫区或毒力较弱的毒株所致的非典型病例或因兔群抵抗力较高，症状和病变不明显时，则诊断比较困难。确诊需进行实验室诊断。

（2）实验室诊断　在国际贸易中，尚无指定诊断方法，替代诊断方法有琼脂凝胶免疫扩散试验（AGID）、补体结合试验（CF）、间接荧光抗体试验（IFA）。取病变组织，将表皮与真皮分开，磷酸盐缓冲液洗涤后备用。

病理组织检查：将病变组织做切片或涂片，检查黏液瘤细胞和嗜酸性包涵体。

动物试验：取新鲜病料磨碎后经皮下接种幼兔，2～5天内接种部位出现病灶，并可用血清学方法检查存活的兔。

病原分离鉴定：将病料接种11～13日龄鸡胚绒毛尿囊膜，孵育4～6天，观察绒毛尿囊膜上的灶性痘斑；或用鸡胚成纤维细胞、兔肾细胞、兔睾丸细胞等原代细胞、RK13传代细胞分离病毒。病毒鉴定可用电镜和病原检测技术。

电镜观察：用电镜检查病变的渗出物或涂片，可观察病毒特征性形态。

血清学方法：可用琼脂双扩散试验、ELISA、Dot-ELISA、IFA、病毒中和试验及补体结合试验等方法，可用于诊断和监测。

【鉴别诊断】主要应与兔纤维瘤病相区别，可通过血清学方法和人工接种易感兔进行鉴别。

【防控】我国尚无该病流行，应加强国境检疫，严防疫病传入。

平时严防野兔进入饲养场，杀灭吸血昆虫；严禁从有本病发生和流行的国家或地区进口兔及兔产品；引进兔种及兔产品时，应严格口岸检疫；新引进兔必须在防昆虫的动物房内隔离饲养14天，检疫合格者方可混群饲养；毗邻国家发生本病流行时，应封锁国境；发现疑似本病发生时，应立即向有关业务单位报告疫情，并迅速作出确诊，及时采取扑杀病兔、销毁尸体、彻底用2%～5%福尔马林液消毒污染场所、紧急接种疫苗等综合性防制措施。

本病目前无特效的治疗方法，疫区主要依靠疫苗预防接种。国外使用的疫苗有Shope纤维瘤病毒疫苗，或美国及法国生产的弱毒疫苗，预防注射3周龄以上的兔，4～7天产生免疫力，免疫保护期1年，免疫保护率达90%以上。近年来推荐使用的MSD/S株疫苗，安全可靠，免疫效果更好。

五、兔轮状病毒病

兔轮状病毒病是由轮状病毒引起仔兔的以脱水和水样腹泻为特征的传染病。患兔大多因严重脱水而死亡，死亡率40%～60%，在继发感染或并发感染情况下死亡率更高。据调查，群养兔感染本病毒达59.2%～83.6%，且青、成年兔，其他动物和人隐性带毒者，不断传播病毒，对养兔业的发展构成了严重威胁。目前还无有效的疫苗控制本病。因此，及早诊断和预防本病，是当前世界养兔业亟待解决的问题。

【病原】轮状病毒属呼肠孤病毒科轮状病毒属，是幼兔腹泻主要病原。病毒形态呈圆形，像车轮状（图1-5-1），具有双层衣壳核糖核酸（RNA）病毒，直径70～75nm。对乙醚、氯仿有抵抗力。

50nm

图1-5-1 轮状病毒形态

粪便中病毒在18～20℃室温中7个月仍有感染力，56℃经过30分钟使病毒失活。病毒能耐酸碱，在pH 3～10均保持稳定。对一般消毒剂均敏感。通常用兔肾原代单层上皮细胞培养，适应后才能在细胞株中传代，有细胞产生病变，病毒存在于粪便及后段肠内容物中。

【流行特点】病兔及带毒兔是传染源。主要经消化道感染。幼兔对轮状病毒的易感性最强，2～6周龄的仔兔，特别是刚断奶的幼兔，发病率和死亡率均高。成年兔一般呈隐性感染，但可从粪便中大量排毒。本病常呈突然暴发，迅速传播。本病一旦在兔群中流行，不易根除，以后每年都可能发病。

【临诊症状】潜伏期为18～96小时。2～6周龄仔兔感染后，突然暴发，病兔呕吐、低烧、昏睡、减食或绝食，排出稀薄或水样粪便（图1-5-2），粪便呈淡黄色，含有黏液，严重时甚至带血（图1-5-3），病兔的会阴部或后肢的被毛都粘有粪便（图1-5-4）。体温一般不高，多数于下痢后3天左右，因脱水衰竭而死亡（图1-5-5），死亡率可达40%～60%，有的高达80%。青年兔、成年兔大多不表现临诊症状，仅有少数表现短暂的食欲不振和排软便。

图1-5-2 轮状病毒病病兔排出的水样粪便

图1-5-3 轮状病毒病病兔排出的带血粪便

图1-5-4 轮状病毒病病兔的会阴及后肢被毛被粪便沾污

图1-5-5 轮状病毒病病兔因脱水而衰竭死亡

【病理变化】轮状病毒主要侵害小肠黏膜上皮细胞，引起细胞变性、坏死，黏膜脱落，使肠道的吸收功能发生紊乱，造成病兔脱水死亡。尸体剖检病变最显著的部位在小肠的空肠和回肠，可见肠黏膜明显充血、肿胀、有大小不一的出血斑；结肠淤血，盲肠扩张，内有大量的液状内容物。病程较长者，有眼球下陷等脱水表现。其他脏器无明显变化。

【诊断】对于初发兔群，根据兔群的发病率和死亡率，结合发病年龄、临诊症状和病理变化，可做出临诊诊断。由于兔感染轮状病毒后大多数呈隐性感染，临诊症状和病理变化均不太明显，且引起急性腹泻的病因较多，故通过流行特点、临诊症状和病理变化只能做出初步诊断。要确诊，需要借助实验室诊断的方法，即从粪便中检出兔轮状病毒或其抗体，或从血清中检出轮状病毒抗体。可采用荧光抗体试验、电镜技术、酶联免疫吸附试验（ELISA）、中和试验等方法进行诊断。

【鉴别诊断】主要应与兔大肠杆菌病、兔球虫病或隐孢子虫病相鉴别诊断，通过病原学进行鉴别。

【防控】

（1）预防　目前尚无有效的疫苗。本病主要危害刚断奶的幼兔，主动免疫不可能在短时间内产生坚强的免疫力，因此，多采取母源抗体被动免疫。所以要特别注意加强对断奶兔的饲养管理，建立严格的卫生制度和消毒制度，不从本病流行的兔场引进种兔。饲料配合要合理，饲料种类相对稳定，变换时要逐渐过渡。保持兔舍内温度、湿度的相对恒定。发生本病时，及早发现立即隔离，全面消毒，死兔及排泄物、污染物一律深埋或烧毁。有条件时，可自制灭活疫苗，给母兔免疫保护仔兔。

（2）治疗　目前本病尚无有效的药物治疗措施，在实际生产中，主要采取综合预防和治疗的办法加以控制。对于病兔要隔离治疗，可以通过补液以维持体内的水、盐代谢平衡，增强机体的抵抗力。应用抗生素防止继发感染，拉稀严重的可用次硝酸铋、鞣酸蛋白、药用炭等止泻收敛药物。

六、巴氏杆菌病

兔巴氏杆菌病又称兔出血性败血症，是由多杀性巴氏杆菌引起的一种急性、热性、败血性传染病，是危害家兔的主要细菌性疾病之一。家兔对多杀性巴氏杆菌十分敏感，常引起大批发病和死亡，给家兔养殖业造成很大的损失。临诊表现为鼻炎型、肺炎型、败血症型、中耳炎型及其他病型（结膜炎型、生殖系统感染型和脓肿型）。

【病原】多杀性巴氏杆菌呈球杆状或短杆状菌，大小为（0.25～0.5）μm×（1～1.5）μm，两端钝圆，常单个存在，有时成双排列，革兰氏染色阴性。病料涂片用瑞氏、姬姆萨或美蓝染色呈明显的两极浓染（图1-6-1），但其培养物的两极着色现象不明显。无鞭毛，无芽孢，有荚膜。多杀性巴氏杆菌需氧或兼性厌氧，最适生长温度为37℃，最适pH值7.2～7.4。对营养要求严格，在普通琼脂上虽能生长，但不丰盛（图1-6-2），在加有鲜血、血清或微量血红素的培养基上生长良好，可以形成光滑型（S）、粗糙型（R型）或黏液型（M型）的菌落。在血清琼脂平板培养基上生长出露滴状小菌落（图1-6-3）。根据其菌体抗原区分血清型，至少可分为1～16个血清型。根据其荚膜抗原区分血清型，可分为A、B、D、E、F五个血清型。引起兔巴氏杆菌病的多杀性巴氏杆菌是A型和D型，以血清型7：A为主，其次是5：A。猪、禽巴氏杆菌对兔也有很强的毒力。本菌对物理或化学因素的抵抗力比较低，在干燥的空气中2～3天死亡，在直射阳光下迅速死亡，加热60℃，20分钟；75℃，5～

图1-6-1 巴氏杆菌的形态

图1-6-2 巴氏杆菌在普通琼脂培养基上的菌落

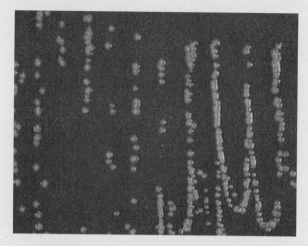

图1-6-3 巴氏杆菌在血清琼脂培养基上的菌落

10分钟，可被杀死。在血液内保持毒力6～10天，冷水中能保持活力达2周，于厩肥内可存活1个月。本菌易自溶，在无菌蒸馏水和生理盐水中迅速死亡。普通消毒液的常用浓度对本菌都有良好的消毒作用，如3%石炭酸和0.1%升汞溶液1分钟可杀死本菌；10%石灰乳、2%来苏儿及常用的福尔马林溶液等3～4分钟可使本菌失去活力。本菌在粪便中能生存1个月左右，在兔体内能生存3个月左右。

【流行特点】各个品种、不同年龄的家兔均有易感性，其中以9周龄至6月龄的兔最易感。病兔和带菌兔是此病流行的主要传染源。病原菌随病兔的唾液、鼻涕、粪便以及尿液等排出，污染饲料、饮水、用具和环境，经呼吸道、消化道、皮肤和黏膜伤口感染。一般情况下，35%～75%的家兔鼻黏膜及扁桃体带有本菌但不发病，当饲养管理不善、营养缺乏、饲料突变、过度疲劳、长途运输、寄生虫感染以及寒冷、闷热、潮湿、拥挤、圈舍通风不良、阴雨绵绵等，使兔子抵抗力降低时，病菌易乘机侵入体内，发生内源性感染。本病发生无明显季节性，但以春、秋及湿热季节发病率较高，呈散发或地方性流行。一般发病率在20%～70%。

【临诊症状】潜伏期一般为1～6天。根据临诊症状可分为以下

7个型。

（1）败血症型　分为最急性、急性和亚急性型。流行初期呈最急性型，常不显症状而突然死亡。急性型表现精神委顿，不食，呼吸急促，体温升高至41℃以上，鼻腔有分泌物（图1-6-4），有时出现腹泻，常在1～3天死亡；临死前体温下降，全身颤抖，四肢抽搐。亚急性型主要表现为肺炎和胸膜炎。病兔表现呼吸困难、急促，鼻腔流出黏脓性鼻液，常打喷嚏，体温稍高，食欲减退，有时见腹泻，关节肿胀，结膜发炎、潮红，眼睑红肿，病程1～2周或更长，最终衰竭死亡。

（2）传染性鼻炎型　此型一般传染很慢，传染源长期存在，致兔群大规模发生。发病初期，鼻黏膜发炎，鼻腔先流出浆液性鼻液，以后转为黏液性（图1-6-5）以至脓性鼻液，常打喷嚏、咳嗽；发病中期，常使前爪擦揉鼻孔（图1-6-6），鼻孔附近的被毛潮湿、脱落，上唇和鼻孔皮肤红肿、发炎（图1-6-7）；发病后期，鼻液稠，鼻孔周围形成痂壳，堵塞鼻孔，呼吸困难，出现呼噜音（图1-6-8）。

图1-6-4 巴氏杆菌病病兔鼻腔的分泌物

图1-6-5 传染性鼻炎型病兔的黏液性鼻液

图1-6-6 传染性鼻炎型病兔前爪擦揉鼻孔

图1-6-7 传染性鼻炎病兔的鼻孔皮肤红肿、发炎

图1-6-8 传染性鼻炎病兔的呼吸困难

（3）地方流行性肺炎型　多见于成年兔。病初食欲不振、精神沉郁、体温较高，有时还出现腹泻、关节肿胀等。临诊上难以见到明显的呼吸困难等肺炎症状，一旦见到明显的呼吸困难时，呈急性经过，很快死亡。

（4）中耳炎型　又称斜颈症、歪脖病，是病菌感染蔓延到内耳和脑部的结果。典型症状是斜颈（图1-6-9、图1-6-10），向一侧滚转，一直斜倾到围栏侧壁为止，并反复发作。如脑膜和脑实质受害，可能出现运动失调和其他神经症状。严重时，吃食、饮水困难，逐渐消瘦，衰竭死亡。

（5）结膜炎型　多发生于幼兔。初期时，结膜潮红、眼睑肿胀，多为两侧性，有浆液性、黏液性或黏脓性分泌物（图1-6-11）；中后期时，红肿消退，但流泪经久不止。

（6）脓肿型　发生于皮下和任何内脏器官；体表脓肿表现热、肿、疼、有波动感（图16-12）；内脏器官的脓肿往往不表现临诊症状，容易发生脓毒败血症死亡。

（7）生殖系统感染型　多见于成年兔。母兔表现为不孕，伴有黏脓性分泌物从阴道流出，如转为败血症，往往造成死亡。公兔表现为一侧或两侧的睾丸肿大（图1-6-13）。

图1-6-9 中耳炎型病兔表现斜颈（一）

图1-6-10 中耳炎型病兔表现斜颈（二）

图1-6-11 结膜炎型病兔表现结膜潮红，有脓性分泌物

图1-6-12 脓肿型病兔的体表脓肿

图1-6-13 生殖系统感染型病公兔表现双侧睾丸肿大

【病理变化】

（1）败血型　剖检主要可见全身性出血、充血或坏死。鼻腔黏膜充血，有黏液脓性分泌物。喉头黏膜充血、出血，气管黏膜充血、出血（图1-6-14），伴有少量红色泡沫。肺脏充血、出血、水肿（图1-6-15）。心内、外膜出血（图1-6-16）。肝脏变性，有许多小坏死点（图1-6-17）。脾脏、淋巴结肿大、出血。小肠黏膜充血、出血。胸腔、腹腔有淡黄色积液。

图1-6-14 气管黏膜充血、出血

图1-6-15 肺脏充血、出血、水肿

图1-6-16 心脏外膜出血

图1-6-17 肝脏变性，有许多小坏死点

（2）传染性鼻炎型　鼻黏膜潮红、肿胀或增厚，有时发生糜烂，黏膜表面附有浆液性、黏液性或脓性分泌物。鼻窦或副鼻窦黏膜充血、红肿，窦内有分泌物积聚。

（3）地方流行性肺炎型　病变部位主要位于肺尖叶、心叶和膈叶前下部，表现为肺充血、出血、实变、膨胀不全、脓肿和出现灰

白色小结节（图1-6-18）。肺胸膜与心包膜常有纤维素附着（图1-6-19），胸腔积液。肺门淋巴结充血、肿大。鼻腔和气管黏膜充血、出血，有黏稠的分泌物。

（4）中耳炎型　病兔一侧或两侧鼓室内可见到白色奶油状渗出物。鼓膜破裂时外耳道内可见到白色奶油状的渗出物。炎症蔓延到脑部，可见到化脓性脑膜炎、脑炎变化。

图1-6-18 肺脏前下部表现充血、出血、实变

图1-16-19 肺胸膜与心包膜常有纤维素附着

（5）结膜炎型 多为两侧性，眼睑中度肿胀，结膜发红，分泌物常将上下眼睑黏封。

（6）脓肿型 可见皮下、内脏器官有脓肿。脓肿内有充满白色、黄褐色奶油样渗出液（图1-6-20），有厚的结缔组织包围，与周围组织有明显的界线。

（7）生殖系统感染型 母兔一侧或两侧子宫扩张（图1-6-21）。

图1-6-20 脓肿内有奶油样渗出液

图1-6-21 母兔两侧子宫扩张

急性感染时，子宫仅轻度扩张，腔内有灰色水样渗出物。慢性感染时，子宫高度扩张，子宫壁变薄，呈淡黄褐色，子宫腔内充满黏稠的奶油样脓性渗出物，常附着在子宫内膜上。公兔则表现一侧或两侧睾丸肿大，质地坚实，有些病例伴发脓肿。

【诊断】根据流行特点、临诊症状和病理变化，可作出初步诊断。确诊有赖于实验室检查。

（1）病原学检查 对败血症型病兔，无菌采集心血、肝脏、脾脏或体腔渗出物等；对于其他类型的病兔，无菌采集病变部位的脓汁、渗出物、分泌物等。

显微镜检查：将病料直接作涂片或触片，用革兰氏染色或瑞氏染色、姬姆萨染色、美蓝染色，显微镜观察。如见有多量革兰氏阴性、典型两极着色的短杆菌，可作出初步诊断。

分离培养：挑取病料分别划线接种于鲜血琼脂平板和麦康凯琼脂平板上，37℃培养24小时。本菌在麦康凯琼脂平板上不生长，而在鲜血琼脂平板上生长良好，可见有淡灰白色、圆形、水滴样无溶血现象的小菌落，革兰氏染色为阴性短杆菌。

动物接种：取病料少许用无菌生理盐水做成1：5～1：10的悬液，接种于小白鼠的肌肉或皮下，剂量为每只0.2～0.5mL。如于24～48小时死亡，由心血、肝脏、脾脏作涂片或触片染色镜检，见大量革兰氏阴性、典型两极着色的短杆菌，即可确诊。

（2）血清学试验 检查被检兔的血清是否呈阳性，可采取凝集试验、琼脂扩散试验、酶联免疫吸附试验、荧光抗体试验等方法进行诊断。

【鉴别诊断】本病须与兔波氏杆菌病、兔李氏杆菌病、野兔热、兔病毒性出血症相区别。

（1）与兔波氏杆菌病鉴别 从病料中取脓性分泌物涂片染色镜检为革兰氏阴性、多形态小杆菌；而多杀性巴氏杆菌为大小一致的卵圆形小杆菌。将病料接种于改良麦康凯培养基上培养后，可形成不透明、灰白色、不发酵葡萄糖的菌落；而多杀性巴氏杆菌在此培养基上不能生长。

（2）与兔李氏杆菌病鉴别 死于李氏杆菌病的兔，剖检可见肾脏、心脏、脾脏有散在的针尖大的淡黄色或灰白色坏死灶，胸、腹腔有多量的渗出液。病料涂片革兰氏染色，镜检，李氏杆菌为革兰氏阳性多形态杆菌。在鲜血琼脂培养基上培养呈溶血，而巴氏杆菌无溶血现象。

（3）与野兔热鉴别 死于野兔热的兔，剖检可见淋巴肿大，并有针尖大的灰白色干酪样坏死灶。脾脏肿大，深红色，切面有大小不等的灰白色坏死灶。肾脏和骨髓也有坏死。病料涂片镜检，病原为革兰氏阴性多形态杆菌，呈球状或长丝状。

（4）与兔病毒性出血症鉴别 发病兔有神经症状，剖检气管和支气管内有泡沫状红色液体，气管黏膜严重充血或出血，肺部有出血性病灶，呈鲜红色或紫红色，肝脏、脾脏、肾脏都有淤血、肿大，有小的出血点，细菌检查阴性。

【防控】

（1）预防 建立无多杀性巴氏杆菌种兔群是防治本病的最好方法。种兔要定期检测，对阳性兔淘汰处理，建立无巴氏杆菌病种兔群。兔场定期用兔巴氏杆菌灭活苗或兔巴氏杆菌、波氏杆菌灭活油佐剂二联苗，兔病毒性出血症、兔巴氏杆菌病二联灭活苗，兔病毒性出血症、兔巴氏杆菌病、产气荚膜梭菌病三联苗等进行预防接种。

兔群应坚持自繁自养，禁止随便引进种兔；必须引进时，应先检疫并观察1个月，健康者方可进场；商品兔要经常检查，发现病兔尽快隔离治疗，严格淘汰无治疗价值的病兔。平时加强饲养管理与卫生防疫工作，严禁畜、禽和野生动物进场。发生本病时，对于同群假定健康兔仔细观察、测温，对临诊检查健康的兔，可用兔巴氏杆菌灭活苗进行紧急接种预防，或用抗菌药物进行药物预防。一旦发现本病，立即采取隔离、治疗、淘汰，对兔舍、用具等用1%～2%的烧碱、10%～20%的石灰水或3%的来苏水消毒。对病兔尸体及其排泄物等进行无害化处理。

（2）治疗 选用具有抑制杀灭巴氏杆菌的抗菌药物，并结合对症治疗，早治疗效果好。最好选用药敏试验敏感的药物进行治疗。无条件进行药敏试验的单位可参考下列方法进行。

① 青霉素、链霉素联合肌内注射：每兔按每千克体重每次用青霉素2万～4万单位、链霉素1万～2万单位，每天2次，连用3天。

② 氨苄青霉素钠（安比西林）肌内注射：每兔按每千克体重每次2～5mg，每天2次，连用3天。

③ 磺胺嘧啶钠肌内注射：每兔按每千克体重每次0.05～0.1g，每天2次，首次剂量加倍，连用3～5天。

④ 磺胺二甲嘧啶片或磺胺嘧啶片内服：每兔按每千克体重首次量0.2g，维持量0.1g，配合等量的小苏打片服用，每天2次，连用3～5天。

⑤ 硫酸庆大霉素注射液或硫酸卡那霉素注射液肌内注射：每兔按每千克体重每次用1万～2万单位，每天2次，连用3天。

⑥ 土霉素、穿心莲、酵母片内服：每兔按每千克体重每次用土霉素20～40mg、穿心莲0.5g、酵母片0.5g，每天2次，连用5天。

⑦ 中药疗法：方剂一，鱼腥草8g、双花8g、桔梗5g、大青叶8g，水煎拌料，成年兔每天1剂，幼年兔剂量减半（治疗地方流行性肺炎型和传染性鼻炎型）；方剂二，黄连7g、黄芩3g、黄檗3g、板蓝根8g、丹皮8g，水煎拌料，成年兔每天1剂，幼年兔剂量减半（治疗败血症型）。每天1次，连用3～5天。

鼻炎病兔可将青霉素、链霉素各按照2万单位/毫升配制滴鼻使用，每天2次，连用5～7天。或庆大霉素注射液配合滴鼻净滴鼻使用，每天2次，连用3～5天。

结膜炎病兔可将卡那霉素注射液或磺胺二甲嘧啶钠注射液等药物配合硫酸新霉素滴眼液交替点眼，每天4次，连用3～5天。

脓肿型病兔需进行外科治疗。切开成熟的脓肿排脓，用3%的 H_2O_2 或0.1%高锰酸钾溶液或0.1%新洁尔灭溶液冲洗后，涂碘酊，不缝合，几天可愈合。

七、波氏杆菌病

兔波氏杆菌病又名兔败血波氏杆菌病、兔支气管败血波氏杆菌病，是由支气管败血波氏杆菌引起兔的一种常见的呼吸道传染病。呈地方性流行。临诊特征主要表现为鼻炎型、支气管肺炎型。哺乳仔兔和断奶仔兔、青年兔多呈急性经过；成年兔呈慢性经过。

【病原】支气管败血波氏杆菌为一种细小球杆菌，散在或成双排列，无芽孢，有鞭毛，无荚膜，需氧性，呈两极染色，革兰氏染色阴性（图1-7-1）。严格需氧菌，在普通琼脂培养基上生长后，形成光滑、湿润、烟灰色、半透明、隆起的中等大菌落（图1-7-2）。病原主要存在兔上呼吸道黏膜上。本菌抵抗力不强，一般消毒剂均可使其致死。在液体中经58℃作用15分钟即可杀死。

【流行特点】支气管败血波氏杆菌是严格寄生菌。豚鼠、兔、狗、猫、马等多种动物都可感染本病，人也可感染。各个品种、不同年龄的兔均有易感性。哺乳仔兔和断奶仔兔、青年兔发病率较高，死亡率高，多为急性经过；成年兔发病较少，常为慢性经过。病兔和带菌兔是本病的传染源。主要经呼吸道传播。本病多发生于气候多变的春、秋两季，秋末、冬初、初春的寒冷季节为本病的流行期。病菌常寄生在家兔的呼吸道中，故机体因保温措施不当、气候骤变、感冒、寄生虫、强烈刺激性气体或灰尘刺激上呼吸道等降

图1-7-1 支气管败血波氏杆菌的形态

图1-7-2 支气管败血波氏杆菌在普通琼脂上的菌落

低了兔的机体抵抗力，可诱发本病发生。本病分为鼻炎型和支气管肺炎型，鼻炎型常呈地主流行性，支气管肺炎型多散发。本病也可和巴氏杆菌病或李氏杆菌病并发。

【临诊症状】波氏杆菌病潜伏期一般为7～10天。临诊症状一般分为鼻炎型和支气管肺炎型。

（1）鼻炎型 比较多发，病兔表现打喷嚏，咳嗽，鼻孔流出浆液或黏液性分泌物，通常不呈脓性。鼻腔黏膜潮红，并附有浆液和黏液。发病诱因消除后，症状可很快消失，但常出现鼻中隔萎缩。病程短，一般2～3天。

（2）支气管肺炎型 主要见于成年兔，多由鼻炎型转来，表现为慢性经过；鼻炎症状长期不愈，鼻腔流出黏性至脓性分泌物；呼吸加快、张口呼吸，常呈犬坐姿势，食欲不振，逐渐消瘦，病程一般几天至数月，有的发生死亡。幼兔和青年兔常呈急性经过，初期表现鼻炎症状，呈呼吸困难，迅速死亡，病程2～3天。

【病理变化】

（1）鼻炎型 鼻黏膜充血，附有浆液性或黏液性分泌物，鼻甲骨变形。

（2）支气管肺炎型 支气管黏膜充血、出血，管腔内充满黏液性或脓性分泌物。肺组组大面积出血、坏死及间质水肿（图1-7-3）；或肺脏表面凹凸不平，有粟粒到乒乓球大小、灰白色、数量不等的脓肿，外有致密包膜，内积奶油状黏稠脓液（图1-7-4）。有些病例

图1-7-3 肺脏大面积出血及气管内充满大量脓性分泌物

图1-7-4 肺脏表面大小不等、数量不等的脓肿

在肝脏或肾脏表面上形成脓疱（图1-7-5、图1-7-6）；还有些病例可见化脓性胸膜炎、心包炎（图1-7-7）。

【诊断】

（1）显微镜检查 对活兔，用无菌棉拭子，取鼻咽部分泌物。对死兔，无菌采集肺脏、肝脏、脾脏、肾脏或气管分泌物等。将病

图1-7-5 肝脏表面上的脓疱

图1-7-6 肝脏、肾脏表面上的脓疱

图1-7-7 化脓性心包炎

料直接作涂片，用革兰氏染色或美蓝染色，显微镜观察。革兰氏染色的见到革兰氏阴性、细小球杆菌；美蓝染色的见到两极浓染的球杆菌。

（2）分离培养　挑取病料分别划线接种于普通营养琼脂培养基或绵羊鲜血琼脂平板或麦康凯琼脂平板上，37℃恒温箱内培养24小时。普通琼脂培养基细菌生长良好，形成圆形、隆起、光滑闪光、边缘整齐的小型菌落（直径约为1mm），质地如奶油样；绵羊鲜血琼脂平板上形成圆形、显著隆起、光滑、边缘整齐、灰白色的中等大菌落，不溶血；麦康凯琼脂平板上形成光滑、圆整、凸起、半透明、奶油样、直径1mm左右的菌落（巴氏杆菌不生长）。钩取菌落涂片，革兰氏染色，镜检，见到革兰氏阴性细小球杆菌。

（3）动物接种试验　取纯菌种接种于肉汤培养基内，37℃恒温箱内培养24～48小时后，取0.5mL肉汤培养物，其菌液浓度约为12亿个菌体/毫升，对小白鼠或豚鼠腹腔接种，24～48小时出现急性腹膜炎而死亡，病变为气管黏膜出血，喉头有泡沫状分泌物，肺脏淤血、出血，肝脏肿大、淤血，腹膜炎等。从死亡小白鼠或豚鼠的肝脏、肺脏等处均回收到接种菌。

【鉴别诊断】本病的主要症状与病变为流鼻液和肺脓肿，因此应注意与巴氏杆菌病、葡萄球菌病、棒状杆菌病鉴别。

（1）与兔巴氏杆菌病鉴别　从病料中取脓性分泌物，涂片染色镜检为革兰氏阴性、多形态小杆菌；而多杀性巴氏杆菌为大小一致的卵圆形小杆菌。将病料接种于改良麦康凯培养基上培养后，可形成不透明、灰白色、不发酵葡萄糖的菌落；而多杀性巴氏杆菌在此培养基上不能生长。

（2）与兔葡萄球菌病鉴别　从病料中取脓性分泌物，涂片染色镜检为革兰氏阴性、多形态小杆菌；而葡萄球菌为革兰氏阳性的球菌。葡萄球菌病肺脓肿较少见，脓肿原发部位常在皮下和肌肉。

（3）与兔棒状杆菌病鉴别　棒状杆菌病的肺、肾、皮下有小化脓灶，病原为鼠棒状杆菌和化脓棒状杆菌，革兰氏阳性，一端较粗大。

【防控】

（1）预防　加强兔群饲养管理，做好兔舍通风换气，增强兔群抵抗力，减少应激因素，保持圈舍及环境卫生，定期进行消毒。坚持自繁自养，严禁从疫区引种，需引进种兔时，做好检疫工作，隔离观察1个月以上，健康兔混群饲养。种兔要定期检测，对阳性兔淘汰处理，建立无波氏杆菌病种兔群；商品兔要经常检查，及时检出有鼻炎症状可疑兔，给予隔离治疗或淘汰；对已污染的兔群，应立即采取检疫、隔离、消毒、淘汰病兔等措施，防止本病蔓延。定期用兔波氏杆菌灭活苗预防注射，皮下或肌内注射，每兔剂量1mL，免疫期为6个月，每年注射2次；还可用兔巴氏杆菌、波氏杆菌灭活油佐剂二联苗或兔瘟、兔巴氏杆菌、兔波氏杆菌三联蜂胶灭活苗进行免疫接种；发生本病时，对于同群假定健康兔，用兔波氏杆菌灭活苗进行紧急接种预防。对发病兔进行隔离、治疗，做好消毒工作。对病兔尸体及其排泄物等进行无害化处理。

（2）治疗　选用具有抑制杀灭败血波氏杆菌的抗菌药物，并结合对症治疗。最好选用药敏试验敏感的药物进行治疗。无条件进行药敏试验的单位可参考下列方法进行。

① 硫酸卡那霉素注射液或硫酸庆大霉素注射液肌内注射：剂量按每千克体重每次1万～2万单位，每天2次，连用3～4天。

② 青霉素、硫酸链霉素联合肌内注射：剂量按每千克体重每次用青霉素2万～4万单位、链霉素1万～2万单位，每天2次，连用3天。

③ 硫酸新霉素肌内注射：剂量按每千克体重每次40mg，每天2次，连用3～4天。

④ 磺胺嘧啶钠注射液肌内注射：剂量按每千克体重每次0.1～0.2g，每天2次，首次剂量加倍，连用3～5天。

⑤ 磺胺二甲嘧啶片或磺胺嘧啶片内服：剂量按每千克体重首次量0.2g，维持量0.1g，配合等量的小苏打片服用，每天2次，连用3～5天。

⑥ 酞磺胺噻唑内服：剂量按每千克体重每次0.1～0.3g，每天

2次，连用3～5天。

⑦ 鼻炎病兔的治疗：可采用青霉素、链霉素各按照2万单位/毫升配制滴鼻使用，每天2次，连用5～7天；或庆大霉素注射液配合滴鼻净滴鼻使用，每天2次，连用3～5天；或青霉素80万单位加蒸馏水5mL，稀释后，加3%麻黄素1mL滴鼻，每天3次，连用5天。

八、大肠杆菌病

兔大肠杆菌病又称黏液性肠炎，是由一定血清型的致病性大肠杆菌及其毒素引起的仔兔、幼兔肠道传染病，以水样或胶冻样粪便和严重脱水为特征。

【病原】大肠杆菌属于肠杆菌科中的大肠埃希氏菌属，为革兰氏阴性、无芽胞、有鞭毛的短小杆菌（图1-8-1）。该菌血清型较多，引起兔致病的大肠杆菌，主要有30多个血清型，如O_{85}、O_{19}、O_{16}、O_{128}、O_{18}、O_{26}、O_{86}等。埃希氏菌为需氧或兼性厌氧菌，最适生长温度37℃，pH7.2～7.4。对营养要求不严格，在普通培养基上生长良好。在普通琼脂培养基上生长后，形成光滑、湿润、乳白色、边缘整齐、隆起的中等大菌落（图1-8-2）。某些致病性菌株在血液琼脂培养基上能产生β型溶血环。在普通肉汤中生长，呈均匀浑浊，

图1-8-1 大肠杆菌的形态

图1-8-2 普通琼脂培养基上大肠杆菌生长的菌落

图1-8-3 麦康凯培养基上
大肠杆菌生长的菌落

图1-8-4 伊红美蓝琼脂培养
基上大肠杆菌生长的菌落

形成浅灰色黏液状沉淀。麦康凯培养基，由于本菌发酵乳糖，形成的菌落为紫红色（图1-8-3）；在伊红美蓝琼脂上生长，由于发酵乳糖产酸，使伊红和美蓝结合，形成紫黑色带金属光泽的菌落（图1-8-4）。抵抗力中等，在水中能存活数周到数月，一般消毒药能将其迅速杀死。

【流行特点】大肠杆菌广泛存在于自然界，是兔肠道内的常在菌，一般不引起发病，当气候环境突变、饲养管理不当及患有某些传染病、寄生虫病引起仔兔抵抗力降低时而发病。该菌在病兔体内增强了毒力，排出体外可经消化道传播引起暴发流行，造成大批死亡。本病无明显的季节性。各种年龄的兔均易感，主要侵害20日龄与断奶前后的仔兔和幼兔，即1～4月龄多发，而成年兔很少发病。第一胎仔兔和笼养兔的发病率较高。

【临诊症状】潜伏期4～6天。最急性病例常不见任何症状而突然死亡。病程短的在1～2天内死亡，长的经7～8天死亡。病兔体温一般正常或低于正常，精神沉郁，被毛粗乱，脱水，消瘦，腹部膨胀（图1-8-5），剧烈腹泻，肛门和后肢被毛常沾有大量黏液或水样粪便（图1-8-6），并带有两头尖的干粪球。四肢发冷，磨牙，最终衰竭死亡。

【病理变化】胃膨大，充满多量液体和气体（图1-8-7）。小肠扩张、水肿，充满气体和黏液（图1-8-8）。大肠内容物呈水样，有多量胶冻样物（图1-8-9），浆膜黏膜充血，有出血斑点（图1-8-10）。

胆囊扩张，黏膜水肿。有些病例的心脏、肝脏有局部性的小坏死灶（图1-8-11）。

图1-8-5 病兔精神沉郁，被毛粗乱，腹部膨胀

图1-8-6 兔子水样粪便

图1-8-7 胃膨大，充满多量液体和气体

图1-8-8 小肠扩张、水肿，充满气体和黏液

图1-8-9 结肠出血、胶冻样内容物

图1-8-10 大肠浆膜充血，有出血斑点

图1-8-11 心脏局部性的小坏死灶

【诊断】根据临诊症状、病理变化及流行特点可作出初步判断，但较难与其他幼兔腹泻病区分。确诊需作细菌的分离鉴定。

（1）病原学检查 采取病、死兔的心、血、肝、脾、肠内容物等，涂片，染色后直接镜检，观察是否有大肠杆菌。分离培养可用鉴别培养基，有条件的也可做生化反应或动物试验，进行诊断。

（2）血清学检查 可用血清学凝集试验、酶联免疫吸附试验（ELISA）等方法进行检查。

【鉴别诊断】本病应注意与兔沙门氏菌病、球虫病、轮状病毒病和兔泰泽氏病鉴别。

（1）与兔沙门氏菌病相区别 死于沙门氏菌病的兔。剖检可见肝脏有散在的、针头大、灰白色的坏死病灶，蚓突黏膜有弥漫性、淡灰色、粟粒大的特征性病灶。病料接种于麦康凯平板上，如有无色透明或半透明的小菌落，为沙门氏菌；呈粉红色较大的菌落是大肠杆菌。

（2）与球虫病相区别 球虫引起的兔腹泻，将粪便或肠内容物涂片镜检，可见有大量的球虫卵囊。

（3）与轮状病毒相区别　轮状病毒性腹泻主要发生于幼兔，青年兔、成年兔呈隐性感染。剖检病兔，空肠和回肠部的绒毛呈多灶性融合和中度缩短，肠细胞中度变扁平，某些肠段的黏膜固有层和下层轻度水肿。从病料中不能分离出细菌或寄生虫。

（4）与兔泰泽氏病相区别　泰泽氏病的特征性病变是肝门静脉附近的肝小叶和心肌有灰白色针头大或条状的病灶。病料涂片，姬姆萨染色，可见有成丛的毛发状的芽孢杆菌。

【防控】

（1）预防　平时应加强饲养管理，搞好兔舍卫生，定期消毒。减少应激因素，特别是在断奶前后不能突然改变饲料，以免引起仔兔肠道菌群紊乱。常发病兔场，可用从本场病兔中分离出的大肠杆菌制成灭活苗，20～30日龄的仔兔肌内注射1mL，有一定疗效。兔场一旦发病，应立即隔离或淘汰，死兔应焚烧深埋，兔笼、兔舍用0.1%新洁尔灭或2%火碱水进行消毒。

（2）治疗

① 对抗病原疗法。抗菌药物疗法：链霉素（肌内注射，每千克体重20～30mg，每日2次，连用4～5天）、庆大霉素（肌内注射，每只兔2万～4万单位，每天2次，连用3～5天）、多黏菌素（每只兔2.5万单位，连用3～5天）、磺胺脒（每千克体重100mg，每日3次，连用4～5天）、复方新诺明、氟哌酸、恩诺沙星、环丙沙星以及青霉素等抗菌药物均有治疗作用，但由于大肠杆菌极易产生抗药性，有条件的应做药敏试验再选择用药。剂量可按药品说明书使用。

促菌生疗法：口服，每千克体重50mg，每天1～2次，连用3～4天。

中药疗法：穿心莲6g，金银花6g，香附6g，水煎服，每天2次，连用7天。也可用丹参、金银花、连翘各10g，加水1000mL，煎至300mL，口服，每天2次，每次3～4mL，连用3～4天。也可用大蒜酊（用去皮蒜头和75%的医用酒精1：1配比。先将蒜头洗净充分捣烂为泥，再与酒精混合搅拌均匀，装入密封的容器内浸泡12～15小时。用双层灭菌沙布过滤，滤液即成大蒜酊，装瓶备用（口服，每只兔用2～3mL，每天2次，连用3～4天）或大蒜泥（口服，每只兔用2～3g，每天2次，连用3～4天）治疗。

② 补液及电解质疗法。此疗法是降低死亡率，提高治愈率十分重要的辅助疗法，必须配合对抗病原疗法一起使用。可用口服补液盐溶液（配制遵照药品说明书）任病兔自由饮用。如病兔已无饮欲，可用葡萄糖生理盐水腹腔注射20～50毫升/次，每天1～2次。

九、魏氏梭菌病

本病又称魏氏梭菌性肠炎、产气荚膜杆菌病，是由A型魏氏梭菌及其毒素引起家兔的一种高度致病性的急性传染病。临床上以水样下痢、脱水和迅速死亡为特征，是对养兔业危害最严重的传染病之一。发病兔致死率很高。

【病原】魏氏梭菌即产气荚膜杆菌（图1-9-1），一般可分为A、B、C、D、E、F六型。兔的魏氏梭菌病主要由A型引起，少数为E型。A型魏氏梭菌为革兰氏阳性大杆菌，两端稍钝圆，无鞭毛，但有荚膜，能形成芽胞，可产生多种毒素。芽胞抵抗力极强，在外界

图1-9-1 产气荚膜杆菌

环境中可长期存活，一般消毒药不易杀灭，升汞、福尔马林杀灭效果较好。魏氏梭菌普遍存在于土壤、粪便、污水、饲料及劣质鱼粉中。A型魏氏梭菌主要产生α毒素。该毒素只能被A型抗血清中和，具有致坏死、溶血和致死作用，仅对兔和人有致病力。

【流行特点】本病的主要传染原是病兔和带菌兔及排泄物。传染途径主要是消化道或伤口，粪便污染的病原在传播方面起主要作用。病菌可随病兔的粪便排出，污染周围环境，健兔食入后即经消化道感染。除哺乳仔兔外，各种年龄、品种、性别的兔子均有易感性，但多发生于断奶仔兔、青年兔和成年兔，发病率和死亡率为20%～90%。本病的发生无明显季节性，但冬、春季一般较多。兔舍卫生条件不良、过热、拥挤，以及使用磺胺药物均可诱发本病。

【临诊症状】临诊上通常分为最急性型和急性型两种。

（1）最急性型　常突然发病，很快死亡，没有发现任何明显的症状。

（2）急性型　病兔开始排出褐色软粪，随即出现剧烈水泻，黄褐色，后期带血、变黑、腥臭（图1-9-2）。肛门周围、后肢及尾部被毛潮湿，并沾有稀粪（图1-9-3）。患兔精神沉郁，拒食，消瘦，脱水，昏迷，体温不高，多于12小时至2天死亡。部分病例可拖至数日至1周后死亡。

图1-9-2　带血、腥臭的黑色稀粪

图1-9-3　肛门周围、后肢及尾部被毛沾有稀粪

【病理变化】剖检可见胃内充满饲料（图1-9-4）或气体（图1-9-5），胃黏膜脱落，常有出血点和溃疡灶（图1-9-6）；肠道充满液体与气体，肠壁薄，肠系膜淋巴结肿大；盲肠、结肠充血、出血（图1-9-7），肠内有黑褐色水样稀粪、腥臭；肝脏质地变脆，胆囊充盈，脾呈深褐色。膀胱积有少量茶褐色尿液。

图1-9-4　胃内充满饲料

图1-9-5　胃内充满气体

图1-9-6 胃黏膜脱落，表面的出血点和溃疡灶

图1-9-7 盲肠黏膜的出血

【诊断】诊断方法有以下几个方面。

（1）镜检 取病料涂片，用革兰氏法染色后镜检，如见有革兰氏阳性粗大杆菌，菌端钝圆，有荚膜，中心或偏端形成芽胞，再结合临床症状即可做出初步诊断。

（2）分离培养 粪便用灭菌生理盐水稀释后，加热到80℃，约10分钟后取上清液，接种厌氧肝肉汤培养基中，如分离到此阳性杆菌，再转移到血琼脂平板上，厌氧培养。

（3）动物试验。取厌氧肝肉汤培养基0.7mL接种豚鼠、幼兔，如果均在24小时内死亡，剖检病变与自然死亡基本相同，可诊断为阳性。

此外，也可用中和试验、对流免疫电泳等血清学方法诊断本病。

【鉴别诊断】 本病应与球虫病、沙门氏菌病、巴氏杆菌病、兔瘟相区分。通过病原学方法不难区别这些传染病，从症状和病变上来看，它们也有各自的特征性变化。

（1）与球虫病的区别　多发于断奶前后的仔兔，成年兔不出现死亡。病兔营养不良、黄疸、贫血，剖检肠黏膜或肝表面有淡黄白色结节。

（2）与沙门氏菌病的区别　急性病例以败血症、下痢和流产为特征，断奶仔兔和青年兔多发。蚓突黏膜有弥漫性淡灰色小结节，肝脏表面有散在的针尖大小的坏死灶。母兔的子宫发炎，胎儿发育不良。

（3）与巴氏杆菌病的区别　本病多呈散发，无明显年龄界限。肝脏不肿大，有散在灰白色坏死灶。肾不肿大，有鼻炎、中耳炎、结膜炎等症状。

（4）与兔瘟的区别　各种兔均易感，死亡率高，以呼吸系统出血，实质器官淤血肿大和点状出血、实质器官淤血肿大和点状出血为特征。病料中分离不到细菌、寄生虫等病原。

【防控】

（1）预防　首先平时应加强饲养管理，搞好环境卫生，防止饲喂过多的谷物类饲料和含有过高蛋白质的饲料，兔舍内避免拥挤，注意灭鼠灭蝇；其次严禁引进病兔，发生疫情后，立即隔离或淘汰病兔。兔笼、兔舍用5%热碱水消毒，病兔分泌物、排泄物等一律焚烧深埋；再次应定期进行预防接种，每兔颈部皮下注射魏氏梭菌灭活菌苗1mL，免疫期4～6个月；仔兔断奶前1周进行首次免疫接种，可明显提高断奶仔兔成活率。另据报道，发生疫情时，应用魏氏梭菌灭活菌苗进行紧急预防注射，或用金霉素22mg拌料1kg喂兔，连喂5天，均有明显预防效果。

（2）治疗

① 血清疗法　病初用特异性高免血清治疗，每千克体重2～5mL，皮下或肌内注射，每日2次，连用2～3天。

② 抗菌素疗法。可用下列抗生素：红霉素，每千克体重20～30mg肌内注射，每日2次，连用3天；金霉素，每千克饲料中

加10mg，或按每千克体重20～40mg肌内注射，每天2次，连用3天；卡那霉素，每千克体重20～30mg肌内注射，每日2次，连用3天；喹乙醇，口服，每千克体重5mg，每天2次，连用3天。在使用抗生素的同时，也可在饲料中加活性炭、维生素B_{12}等辅助药物。

③ 对症治疗。口服食母生（5～8克/只）和胃蛋白酶（1～2克/只），腹腔注射5%葡萄糖生理盐水，可提高疗效。

十、沙门氏菌病

兔沙门氏菌病，又名兔副伤寒，是由鼠伤寒沙门氏菌和肠炎沙门氏菌引起兔的消化道和生殖器官的传染病，以发生败血症、急性死亡、腹泻和流产为主。怀孕25天以上的母兔临诊主要表现为流产和腹泻，并因败血症而迅速死亡。幼兔多表现为腹泻和败血症。

【病原】病原为鼠伤寒沙门氏杆菌和肠炎沙门氏菌。为革兰氏阴性杆菌，呈短杆状，具有鞭毛，不形成芽胞（图1-10-1）。在普通琼脂培养基上生长后，形成光滑、湿润、灰白色、边缘整齐、隆起的中等大菌落（图1-10-2）。本菌对外界环境抵抗力较强，但对消毒药物的抵抗力不强，3%来苏儿水、5%石灰乳及福尔马林等能于几分钟内将其杀死。本菌对多种动物发病，还可引起人的食物中毒。

图1-10-1 沙门氏菌的形态

图1-10-2 普通琼脂培养基上沙门氏菌生长的菌落

【流行特点】本病一年四季均可发生，尤其是晚秋和早春更为普遍。本病传染性比较强，不分年龄、性别和品种都会发病，但以断奶幼兔和妊娠母兔最易感，尤其是怀孕25天后的母兔，发病率高达57%，流产率为70%，致死率为49%。病兔和带菌兔是主要的传染源。病原菌由传染源的粪便排出体外。本病感染方式主要有两种，一种是外源性感染，即吃了污染本菌的饲料、饮水等而经消化道传播；另一种为内源性感染，当各种原因（如管理条件不善、气候变化、卫生条件差等）导致兔体抵抗力下降时，寄生在兔体内的沙门氏菌乘机大量繁殖，增强毒力而引起发病。幼兔也可经子宫内或脐带感染。此外，鼠类、鸟类及苍蝇也能传播本病。

【临诊症状】本病潜伏期为3～5天，分为最急性型和急性型。

（1）最急性型　病兔常不出现任何症状而突然死亡。

（2）急性型　病兔精神沉郁，体温升高，食欲废绝，渴欲增加。多数患病幼兔腹泻并排出有泡沫的黏液性粪便，消瘦，3～5天死亡。怀孕母兔从阴道排出黏液或脓性分泌物，阴道黏膜潮红、水肿，流产胎儿体弱，皮下水肿，很快死亡。也有的胎儿腐化或木乃伊，母兔常于流产后死亡。康复的母兔不易受孕。

【病理变化】

（1）最急性型　多数病兔无特征病变，呈败血症病变，一些内脏器官充血、出血（图1-10-3），胸腹腔有浆液或纤维素性渗出物（图1-10-4）。

图1-10-3 肠道和膀胱出血

图1-10-4 腹腔内的纤维素性渗出物

（2）急性型　病兔可见胃肠黏膜充血、出血（图1-10-5），有弥漫性灰白色粟粒大的结节，肠系膜淋巴结充血水肿（图1-10-6）。圆小囊和盲肠蚓突黏膜有粟粒大的坏死结节。肝脏表面有灰黄色针尖大小坏死灶（图1-10-7）。脾脏肿大、充血。肾脏肿大，有散在性针头大的出血点。流产病兔的子宫粗大，子宫腔内有脓性渗出物，子宫壁增厚，黏膜有充血，有溃疡，其表面附着纤维素坏死物。未流产病兔的子宫内有木乃伊或液化的胎儿。阴道黏膜充血，表面有脓性分泌物。

图1-10-5 胃黏膜出血

图1-10-6 肠系膜淋巴结充血水肿

图1-10-7 肝脏表面灰黄色的小坏死灶

【诊断】根据流行特点、临诊症状、病理变化可以做出初步诊断。确诊需做细菌学检查，可采集病兔的血液或病死兔的肝脏、脾脏及其他器官进行病原的分离培养鉴定，普查兔群的污染情况可进行玻片凝集试验。

【鉴别诊断】应注意将本病与兔李氏杆菌病、霉菌性流产、大肠杆菌病相区别。

（1）兔李氏杆菌病　李氏杆菌病除能引起怀孕母兔流产外，还有神经症状出现，尤其是慢性型中患兔常出现头、颈歪斜，运动失调等；李氏杆菌在显微镜下为革兰氏阳性的小杆菌。

（2）霉菌性流产　霉菌性流产，常因饲喂霉变饲料所致。怀孕母兔流产常呈暴发性，且各种怀孕日龄的母兔均可发生。剖检可见肝脏肿大、硬化，子宫黏膜充血。

（3）大肠杆菌病　参见兔大肠杆菌病。

【防控】

（1）预防　搞好环境卫生，加强兔群的饲养管理，严防怀孕母兔及幼兔与传染源接触；兔场要定期应用鼠伤寒沙门氏杆菌诊断抗原普查兔群，淘汰感染兔；引进的种兔要进行隔离观察，淘汰感染兔、带菌兔，建立健康的兔群；对怀孕前和怀孕初期的母兔可注射鼠伤寒沙门氏菌灭活苗，每次颈部皮下或肌内注射1mL，每年注射

2次；兔场应与其他畜场分隔开；兔场要做好灭蝇、灭鼠工作，经常用2%火碱或3%来苏儿、5%石灰乳等消毒剂消毒；发病兔、病死兔应及时治疗、淘汰或销毁。

（2）治疗　发病兔要及时进行治疗或淘汰，同时对全场进行全面消毒。

① 抗生素疗法。选用敏感抗菌药物进行治疗。一般可选用用氟苯尼考（氟甲砜霉素，肌内注射，每千克体重20mg；或口服，每千克体重20～30mg。每天2次，连用3～5天）、链霉素（肌内注射，每千克体重用3万～5万单位，每天2次，连用3天）、磺胺二甲基嘧啶（口服，每千克体重0.1～0.2g，每天1次，连用3～5天）、土霉素（口服，每千克体重20～50mg；肌内注射，每千克体重40mg。每天2次，连用3天）。还可选用四环素、环丙沙星、恩诺沙星等。

② 中药疗法。黄连5g，黄芩10g，马齿苋15g，水煎服。或应用大蒜汁（取洗净的大蒜充分捣烂，1份大蒜加5份清水制成蒜汁，每次口服5mL，每天3次，连用5～7天，或直接内服大蒜捣成的蒜泥）。

③ 支持疗法。在应用以上方法的同时，可口服酵母片、补液盐及收敛剂促进消化机能的恢复，保护肠黏膜，防止脱水。对于脱水严重的种兔和宠物兔，经进行腹腔或静脉补液，增强机体抵抗力，促进痊愈。

十一、泰泽氏病

兔泰泽氏病是由毛样芽孢杆菌引起的一种以严重下痢、脱水、严重盲肠炎症并迅速死亡为主要症状的兔的消化道传染病。本病的死亡率极高，是养兔业的一大威胁。

【病原】毛样芽胞杆菌为严格的细胞内寄生菌，形体细长，革兰氏染色阴性，能形成芽胞。PAS（过碘酸锡夫氏）染色着色良好。本菌对外界环境抵抗力较强，在土壤中可存活1年以上。但对氨苄青霉素、链霉素敏感。

【流行特点】本病除兔易感外，大小白鼠、仓鼠、猫等均可感染。以秋末至春初多发，主要侵害6～12周龄幼兔，断奶前的仔兔和成年兔也可感染发病，哺乳中的母兔比公兔易受应激因素的刺激而发病。病兔为本病的主要传染源。病原随病兔粪便排出，污染周围环境，健兔接触后经消化道而感染。本病的发病率和死亡率较高。当拥挤、过热、运输及饲养管理不良等应激因素存在时，可诱发本病。应用磺胺类药物治疗其他疾病时，因干扰了胃肠道内微生物的生态平衡，也易导致本病的发生。已证实本病可通过胎盘感染。

【临诊症状】病兔发病急，严重腹泻，粪便呈褐色糊状至水样，臀部及后肢被粪便污染。精神沉郁，食欲废绝，迅速脱水，常于发病后12～18小时死亡。耐过的病兔食欲不振，生长停滞，成为僵兔。

【病理变化】死兔尸体严重脱水消瘦，后肢染污大量粪便。盲肠或回肠后段、结肠前段的浆膜出血。盲肠和回肠肠腔内含有水样褐色内容物并充满气体，肠壁水肿（图1-11-1）。肠系膜淋巴结水肿。肝脏肿大，有弥散性坏死灶（图1-11-2）。脾脏萎缩。心肌有坏死灶（图1-11-3）。

图1-11-1 结肠浆膜出血，肠壁水肿

图1-11-2 肝脏肿大，弥散性坏死灶

图1-11-3 心肌坏死灶

【诊断】根据流行特点、临诊症状，盲肠、肝脏、心肌变化，可做出初步诊断。但确诊需要做细菌学检查，以肝坏死区、病变心肌或肠道病变部位作病料涂片，姬姆萨或PAS染色，镜检，若在病变组织细胞浆中发现毛样芽胞杆菌，即可确诊（图1-11-4）。有条件的可用荧光抗体试验、补体结合试验以及琼脂扩散试验等进行诊断。

图1-11-4 组织胞浆中的毛样芽孢杆菌

【鉴别诊断】应将本病与兔魏氏梭菌病、兔霉菌性腹泻、兔沙门氏菌病及兔大肠杆菌病进行区别。

（1）兔魏氏梭菌病　兔魏氏梭菌病排带血胶冻样或黑色稀粪，胃黏膜和盲肠浆膜有溃疡斑和出血斑等。病料涂片、染色、镜检，可见革兰氏阳性大杆菌，可以与泰泽氏病相区别。

（2）兔霉菌性腹泻　主要由黄曲霉毒素和其他真菌毒素所致。患兔肝脏呈淡黄色，硬化，肠道黏膜充血，而盲肠浆膜无出血迹象。

（3）兔沙门氏菌病　参见沙门氏菌病。

（3）兔大肠杆菌病　参见大肠杆菌病。

【防控】

（1）预防　加强饲养管理，改善环境条件，定期进行消毒，尽可能消除应激因素；隔离或淘汰病兔，兔舍全面消毒，兔排泄物发酵处理或烧毁，防止病原菌扩散；对未发病兔在饮水或饲料中加入土霉素，可起到一定的预防作用。

（2）治疗　及时隔离治疗病兔，全面消毒兔舍，防止病原菌扩散。可选用以下药物治疗。

① 土霉素。患病早期用0.006%～0.01%土霉素水供患兔饮用，疗效良好。

② 青霉素与链霉素联合使用。青霉素每千克体重2万～4万单位，链霉素，每千克体重20mg，溶解后混合进行肌内注射，每天2次，连用3～5天。

③ 红霉素。每千克体重100mg的剂量，肌内注射，每天2次，连用3～5天。

④ 金霉素。每千克体重40mg，兑入5%葡萄糖溶液中静注，每天2次，连用3天。

治疗无效时，应及时淘汰。

十二、伪结核病

兔伪结核病是由伪结核耶尔森氏杆菌引起的一种消耗性疾病，可引起肠系膜淋巴结炎、扁桃体炎和败血症。肠道、肝脏、脾脏、肾脏、淋巴结等器官呈现粟粒状干酪样坏死性结节，与分枝杆菌形成的结节相似，故称为伪结核。本病也是一种慢性消耗性人兽共患病。

【病原】伪结核耶尔森氏杆菌为革兰氏阴性、多形态的杆菌，大小为0.8～6.0μm，没有荚膜，有鞭毛，不形成芽胞。用病变脏器触片，美蓝染色多呈明显的两极着染（图1-12-1）。在普通琼脂、鲜血琼脂上均能生长，在培养基上为细小干燥、边缘不整齐、灰黄色的菌落（图1-12-2）易与副伤寒杆菌鉴别，肉汤培养基内形成轻微的混浊，表面有一层黏性薄膜。本菌体有6个血清型，菌体有4个抗原型，该第Ⅰ型和第Ⅱ型常见。

图1-12-1 伪结核耶尔森氏杆菌的美蓝染色

【流行特点】伪结核耶尔森氏杆菌广泛存在于自然界，家兔、小鼠、野兔和灰鼠等啮齿动物是自然储存宿主和传染源，故家兔很易自然感染发病。本病多呈散发，偶尔为地方性流行，冬、春季节多发。家兔主要通过接触带菌动物和鸟类，或食入带菌食物而发病，也可通过皮肤、呼吸道和交配传染。营养不良、应激和寄生虫病等使兔抵抗力降低时，易诱发本病。

【临诊症状】本病为慢性消耗性疾病，临诊症状常不明显。病兔一般表现为食欲不振，精神沉郁，腹泻，进行性消瘦，被毛粗乱，最后极度衰弱而死，多数病兔有化脓性结膜炎（图1-12-3），腹

图1-12-2 伪结核耶尔森氏杆菌在鲜血琼脂培养基上生长的细小干燥、边缘不整齐，灰黄色的菌落

图1-12-3 伪结核病兔的化脓性结膜炎

部触诊可感到有肿大的肠系膜淋巴结和肿大坚硬的蚓突。少数病例呈急性败血性经过，体温升高，呼吸困难，精神沉郁，食欲废绝，很快死亡。

【病理变化】主要病变在盲肠蚓突和回盲部的圆小囊。严重时盲肠蚓突肿大、肥厚、变硬似小香肠，圆小囊肿大变硬，浆膜下有许多灰白色干酪样粟粒大的结节，单个存在或连成片状（图1-12-4）。此外肠系膜淋巴结肿大，有灰白色的坏死灶。肝脏、脾脏、肺脏有无数灰白色干酪样小结节（图1-12-5）。死于败血症的病例，肝脏、脾脏、肾严重瘀血肿胀，肠壁血管极度扩张，肺和气管黏膜出血，肌肉呈暗红色。组织上，伪结核病结节主要由中心部的干酪样坏死和外围部的上皮样细胞组成。

【诊断】本病多为散发性，以长期缓慢消瘦和衰弱为主，腹部触诊时可触到肿大的淋巴结。死后在肠道和各器官发现干酪样小结节和肿大的肠系膜淋巴结。根据以上典型的流行特点、临诊症状及病理变化可做出初步诊断。确诊可采取病料在麦康凯琼脂培养基进行病原的分离和鉴定，伪结核耶尔森氏杆菌为革兰氏阴性、多形态的小杆菌。必要时可用凝集反应与绵羊红细胞间接凝集试验进行确诊。

【鉴别诊断】本病应与兔结核病、兔球虫病和兔沙门氏菌病相区别。

图1-12-4 盲肠蚓突和圆小囊病变

图1-12-5 脾脏中大小不等、数量不一的结节

（1）兔结核病　结核分枝杆菌为革兰氏染色阳性，有抗酸性染色的特征；伪结核耶尔森氏杆菌为革兰氏染色阴性，用抗酸性染色不着色。在病灶上，结核病的结节坚硬，很少发生于蚓突和圆小囊的病变，以肺脏的病灶为主，发展缓慢；而伪结核病的结节的发生、发展快，病早期即行干酪化，结节呈白色，较大结节软化呈乳脂状团块，被结缔组织包膜所包围。

（2）兔球虫病　由兔球虫引起，主要表现为腹泻，以断乳兔多见，病程短而死亡率高。病变主要在肝脏和肠部，表现为肠黏膜增厚、充血，小肠内充满气体和黏液，或在肠黏膜有数量不等的圆形、粟粒大的结节。胆管壁增厚，结缔组织增生而引起肝细胞萎缩。而盲肠蚓突、圆小囊、脾脏、肾脏、淋巴结不肿大，无结节病灶。

（3）兔沙门氏菌病　是由鼠伤寒沙门氏菌和肠炎沙门氏菌引起的。在盲肠和结肠黏膜及肝脏表面上有灰白色、粟粒大的病灶，而在蚓突、圆小囊浆膜下无结节病灶加以区别。

【防控】

（1）预防　平时要加强饲养管理，定期消毒灭鼠，防止饲料、饮水及用具污染，同时注意做好人身防护；引进种兔要隔离检疫，严禁带入病原，平时对兔群可用血清凝集试验和红细胞凝集试验进行检疫，淘汰阳性兔，培育健康兔群；屠宰时如发现患本病的兔，要立即销毁尸体，绝对不得食用，以防止人感染此病，同时对环境做彻底消毒；用伪结核耶尔森氏杆菌多价灭活疫苗进行预防注射，每只兔颈部皮下或肌内注射1mL，免疫期达6个月，每年注射2次，可预防本病的发生。

（2）治疗　由于本病活体难以确诊，又无特效药物治疗，同时，本病亦可引起人的急性阑尾炎、肠系膜淋巴结炎和败血症，所以对患病兔一般不作治疗，而即予淘汰。如有必要治疗时，用抗生素治疗有一定的疗效。本菌对链霉素、卡那霉素、四环素和甲砜霉素敏感，可选用治疗。

① 链霉素。肌内注射，每次每千克体重20mg，每日2次，连用

3～5天。

②卡那霉素。肌内注射，每次每千克体重10～20mg，每日2次，连用3～5天。

③四环素片。内服，每千克体重30～50mg，每日2次，连用3～5天。

④甲砜霉素。口服或肌内注射，每千克体重40mg，每日2次，连用3～5天。

十三、葡萄球菌病

兔葡萄球菌病是由金黄色葡萄球菌引起的家兔和野兔的一种常见传染病。主要表现致死性脓毒败血症和体内任一器官或组织的化脓性炎症。在幼兔称为脓毒败血症，在成年兔称为转移脓毒血症。可引起成年兔和大体型兔"脚板疮"、外生殖器炎症、哺乳母兔乳房炎及初生兔急性肠炎。本病分布广泛，世界各地都有发生。

【病原】金黄色葡萄球菌为革兰氏染色呈阳性的球菌，无鞭毛和芽胞，一般不形成荚膜，直径0.4～1.2μm，常呈葡萄串状排列（图1-13-1），在脓汁或液体培养基中有些呈双球或短链状排列。葡萄球菌需氧或兼性厌氧，在含10%～15%氯化钠的培养基中也能生长。在普通琼脂培养基上形成不透明的、边缘整齐的、光滑湿润的圆形菌落，能产生脂溶性色素，使菌落呈金黄色或土黄色（图1-13-2）。在血液琼脂培养基上产生透明溶血环，且菌落较大，圆形、凸起、表面光滑湿润、边缘整齐不透明的菌落（图1-13-3）。本菌对外界环境因素如高温、干燥和冷冻等抵抗力较强，但对龙胆紫、结晶紫和石炭酸等消毒药则很敏感。3%～5%石炭酸消毒兔笼、兔舍环境，可获得较好效果。

【流行特点】葡萄球菌在自然界分布很广泛，空气、饲料、饮水、土壤、灰尘和各种动物体表都有染附。金黄色葡萄球菌常存在于兔的鼻控、皮肤及周围潮湿环境中，在适当条件下通过各种途径使兔感染，如通过飞沫传播，可引起上呼吸道炎症；通过表皮或黏

图1-13-1 葡萄球菌的形态

图1-13-2 葡萄球菌在普通琼脂
培养基上的菌落

图1-13-3 金黄色葡萄球菌在
血液琼脂培养基上的菌落

膜的伤口侵入时,可引起转移性脓毒血症;通过脐带感染,可引起仔兔败血症;通过母兔的乳头感染,可引起乳房炎,仔兔吮乳后也可引起肠炎。病兔(特别是患病母兔)是主要传染源。本病的发生无明显的季节性,与兔的年龄、性别、品种也无关。

【临诊症状】潜伏期2～5天,根据病原菌侵入途径和扩散范围不同，表现各种类型。

（1）转移性脓毒血症　在病兔头、颈、背皮下或肌肉以及内脏器官（如肺脏、肝脏、肾脏、脾脏、心脏等器官）形成一个或几个脓肿，脓肿大小不等，数量不一，小如豌豆，大似鸡蛋（图1-13-4）。初期呈小的红色硬结，后增大变软，有明显包囊。触诊柔软且有弹性。当内脏器官形成脓肿时，其功能相应受到影响，病兔精神和食欲不受影响。皮下脓肿经1～2个月可自行破溃，流出浓稠、乳白色干酪样或乳油样的脓汁。破口经久不愈，脓汁流到别处的皮肤上，引起病兔搔抓，造成损伤后又可形成新的脓肿（图1-13-5）。脓肿向体内破溃时，即发生全身感染，呈现败血症状，兔迅速死亡。

（2）化脓性脚皮炎　绝大多数发生于后肢脚掌心，前肢则较少见。兔发病初期患部皮肤表皮充血、发红，出现红斑，稍肿胀、部分脱毛（图1-13-6），随后形成经久不愈且易出血的溃疡。病兔不愿移动脚，换脚休息时小心翼翼，跛行。同时食欲减退、消瘦。发生全身性感染时，会迅速出现败血症而死亡。

图1-13-4　兔颈部鸡蛋大的脓肿

图1-13-5 脓肿破溃引起新的脓肿

图1-13-6 化脓性脚皮炎病兔初期，患部皮肤表皮充血、
发红，出现红斑，稍肿胀、部分脱毛

　　（3）乳房炎　多在母兔分娩后最初几天内出现。多由乳头被仔兔咬破或被尖锐的物体剐伤后，细菌侵入所致。急性时病兔体温升高、精神沉郁、食欲不振，乳房肿胀、发红，甚至呈紫红色，乳汁中有脓液、凝乳块或血液。慢性时乳房皮下或实质形成大小不一、

界限明显的坚硬结节，以后结节软化变为脓肿，脓汁呈乳白色或淡黄色油状。化脓性乳腺炎也可发展为全身性脓毒败血症。治疗不及时，常导致新旧脓肿反复发生。

（4）外生殖器炎症　母兔的阴户周围和阴道溃烂，形成溃疡面，形状如花椰菜样。溃疡面呈深红色，部分呈棕色结痂。有少量淡黄色黏性、黏液脓性分泌物。另一种症状为阴户周围和阴道有大小不一的脓肿，从阴道内可挤出黄白色黏稠脓液。患病公兔包皮有小脓肿、溃烂或结痂。

（5）仔兔脓毒败血症　仔兔出生后2～3天，在皮肤（尤其是胸部、腹部、颈、颌下和腿部内侧）先出现炎症，后见有粟粒大的白色脓肿，多数病兔在2～5天内出现败血症而致死亡（图1-13-7）。较大的乳兔（10～21天）可在上述部位皮肤上出现黄豆至蚕豆大白色脓疱，高于表皮，最后消瘦死亡。经治疗，脓肿可慢慢吸收，脓疱逐渐变干结痂，自行脱落。

图1-13-7　仔兔脓毒败血症病兔腹部、腿部内侧皮肤上粟粒大的白色脓肿

（6）仔兔急性肠炎　又称仔兔黄尿病。因仔兔食入患葡萄球菌病母兔的乳汁而引起的急性肠炎，发病急，病死率高，一般全窝发生。病兔肛门四周被毛及后肢被毛潮湿、腥臭。病兔昏睡，全身发软，病程2～3天。

【病理变化】

（1）转移性脓毒血症　病兔或死兔皮下、心脏、肺脏、肝脏、脾脏、肾脏及子宫等内脏器官有脓肿（图1-13-8、图1-13-9），脓肿外有结缔组织包膜。有些病例可发生心包炎和胸膜炎、腹膜炎及骨膜炎。

图1-13-8 兔子宫的脓肿

图1-13-9 兔肾脏的脓肿

（2）化脓性脚皮炎　患部皮下有较多乳白色乳油状脓液（图 1-13-10）。

（3）乳房炎　全部乳腺呈紫红色结缔组织，质地较硬，无脓性分泌物，乳腺内无乳汁分泌。

（4）外生殖器炎症　脾脏呈草黄色，质脆；肝脏质脆；膀胱内积有多量的脓液，阴道内充血并积有白色黏稠的脓液。

（5）仔兔脓毒败血症　患部的皮肤和皮下出现小脓疱，脓汁呈乳白色乳油状（图1-13-11），多数病例的肺脏和心脏上有很多白色小脓疱。

图1-13-10　化脓性脚皮炎兔患部皮下有较多乳白色乳油状脓液

图1-13-11　仔兔脓毒败血症病兔的皮肤出现性脓疱，脓汁呈乳白色乳油状

（6）仔兔急性肠炎 剖检可见肠黏膜（尤其小肠黏膜）充血、出血，肠腔充满黏液。膀胱极度扩张并充满淡黄色尿液。

【诊断】根据皮肤、乳腺和内脏器官的脓肿及腹泻等症状与病变可做出初步诊断。但内脏器官的化脓灶易与多杀性巴氏杆菌病和支气管败血波氏杆菌病混淆。确诊应进行病原菌分离鉴定。

【防控】

（1）预防

① 经常保持兔笼、兔舍卫生整洁，防止兔受损伤，兔在笼中不可太拥挤，把喜咬斗的兔分开饲养；防止皮肤受伤，有了外伤要及时处理；疫苗注射部位要严格消毒。

② 搞好饲养管理，给乳汁不足的母兔适当增喂优质和多汁饲料，仔兔让其他母兔喂养，以兔乳头被仔兔咬破。对乳汁过多的母兔，则要减少精饲料及多汁饲草的喂量，以防乳房膨胀，乳头管扩张，使病菌乘机而入。刚产出的仔兔，脐带用3%碘酒或5%龙胆紫酒精涂搽消毒，以防感染。

③ 被病菌污染的兔笼及病兔粪便要严格消毒，死兔应焚烧深埋。

④ 发病率高的兔群要定期注射葡萄球菌疫苗，每只健康兔皮下注射1mL，每年2次，对本病有一定的预防作用。

⑤ 药物预防。母兔分娩前3～5天，饲料中加入土霉素粉（每千克体重20～40mg）或磺胺嘧啶（每千克体重0.1～0.15g）进行预防。

（2）治疗

① 局部治疗。有皮肤脓肿时，可用消毒针头将脓肿刺破，用3%碘酊或5%龙胆紫酒精消毒棉檫去脓汁，涂上青霉素软膏或土霉素软膏。对脚皮炎或体表溃疡，可用0.5%雷佛奴尔或0.1%高锰酸钾洗净创口，涂上红霉素软膏，也可用紫药水或3%碘酒涂搽，并配合全身用药。对乳房炎，轻者用0.1%高锰酸钾液冲洗乳头，涂上鱼石脂软膏，重者可用0.5%普鲁卡因注射液10mL，稀释10万～20万单位的青霉素，在乳房硬结周围封闭，每天1次，连续治疗3～5天。

② 全身治疗。可选用以下抗生素：青霉素，肌内注射，每千

克体重2万～4万单位，每天2次，连用4～5天；或庆大霉素及卡那霉素，肌内注射，每千克体重2万～4万单位，每天2次，连用3～5天；金霉素，口服，每只兔100g，每天1次，连用4天，与甲砜霉素联合应用效果好。此外，也可用红霉素、新霉素等类药物等进行治疗。

③ 中药疗法。对乳房炎可用中药治疗，当归6g，赤芍6g，皂刺3g，炮山甲3g，白芷3g，甘草2g，水煎服。金银花、连翘、蒲公英、地丁各10g，煎水拌料或温敷乳房，每天2～3次，连用3～5天。也可用金银花、野菊花、蒲公英各3g，水煎服，连用3～5剂。

十四、李氏杆菌病

李氏杆菌病是由李氏杆菌引起的一种兔的散发性传染病，侵害多种动物和人。由于病兔的单核细胞增多，又称为单核细胞增多症。病兔的头常偏向一侧，所以本病也称为歪头病。病兔主要表现为突然发病、死亡、流产和脑膜炎。本病呈散发性，发病率低，但死亡率高。

【病原】病原菌为产单核细胞李氏杆菌，是一种革兰染色阳性杆菌，两端钝圆的短小杆菌，单在、呈V字排列、或成丛排列（图1-14-1）；无芽胞、无荚膜。对食盐和热耐受性强，巴氏消毒法不能

图1-14-1 李氏杆菌的形态（革兰氏染色）

杀灭，但一般消毒药易使其灭活。本菌对青霉素有抵抗力，对链霉素敏感，但易形成抗药性。对新霉素极为敏感，对四环素和磺胺类药物也很敏感。

【流行特点】本病的易感动物极其广泛，已查明有42种哺乳动物和22种鸟类有易感性，幼兔和妊娠母兔对本病最易感。常为散发性，偶尔呈地方性流行，不广泛传播，发病率较低，但病死率很高。患病动物和带菌动物是主要的传染源。啮齿动物特别是鼠类是本菌的储存宿主。患病动物的粪、尿、乳汁、精液以及眼、鼻、生殖道分泌物，均可分离到李氏杆菌。本病可通过消化道、呼吸道、眼结膜、破损的皮肤、交配而感染，吸血昆虫也可传播。污染的水和饲料是主要传播媒介。冬季缺乏青饲料、怀孕、天气骤变、有内寄生虫或沙门氏菌感染时，均可成为本病发生的诱因。

【临诊症状】本病潜伏期为2～8天。病兔可表现以下几种类型。

（1）急性型　多见于幼兔，病兔体温可达40℃以上，精神沉郁，食欲废绝。鼻黏膜发炎，流出浆液性、黏液性、脓性分泌物，几个小时或1～2天内死亡。

（2）亚急性型　主要表现为子宫炎和脑膜脑炎。

① 子宫炎。传播迅速，母兔分娩前几日，出现精神不振，拒绝采食，很快消瘦，从阴道内流出暗红色或棕褐色液体。分娩前1～2天，孕母兔流产，胎儿皮肤出血（图1-14-2），一般经4～7天死亡。耐过母兔，会造成不孕。

图1-14-2 流产胎儿皮肤出血

图1-14-3　李氏杆菌病兔头颈偏向一侧

②脑膜脑炎。病兔作转圈运动，头呈弯曲状，头颈偏向一侧；严重者可一眼向上，一眼向下，运动失调或翻滚（图1-14-3），失去采食或行动能力，逐渐消瘦而死亡，病程一般为4～7天。

（3）慢性型　病兔主要表现为子宫炎。分娩前2～3天发病，病兔精神沉郁，拒食，流产，并从阴道内流出红色或棕褐色分泌物。有的出现头颈歪斜等神经症状，流产康复后的母兔长期不孕。病程可达6～8个月之久。

【病理变化】

（1）急性型和亚急性型　肝脏实质有散在或弥漫性针头大的淡黄色或灰白色的坏死点。心肌、肾脏、脾脏也有相似的病灶。淋巴结尤其是肠系膜淋巴结和颈部淋巴结肿大或水肿。胸腔、腹腔和心包内有多量清亮的渗出液。皮下水肿。肺出血性梗死和水肿。

（2）慢性型　病变和急性型相似。脾脏和淋巴结尤其是肠系膜淋巴结和腹股沟淋巴结显著肿大。子宫内积有化脓性渗出物或暗红色的液体。如母兔死亡，子宫内有变形的胎儿，皮肤出血或有灰白色凝乳块状物，子宫壁可能有坏死病灶和增厚。有神经症状的病例，脑膜和脑组织充血或水肿。病兔常可见到单核白细胞显著增加，可达白细胞总数的30%～50%。

【诊断】本病单纯根据流行特点、临诊症状和病理变化不易做出诊断。如果病兔出现特殊的神经症状、孕兔流产、血液中单核细胞增多，可作为诊断的参考。确诊则必须进行微生物学检查和动物接种试验，在病兔死前采集血液、脑脊液和阴道渗出物，死后从血液、内脏器官和脑采样。

【鉴别诊断】兔李氏杆菌病应与兔巴氏杆菌病、兔沙门氏菌病、野兔热相区别。

（1）兔巴氏杆菌病 巴氏杆菌病患兔无神经症状，仅肝脏有散在性灰白色坏死病灶。病料涂片革兰氏染色镜检，为革兰氏阴性两极浓染的短杆菌。在鲜血琼脂培养基上，无溶血现象。

（2）兔沙门氏菌病 沙门氏菌病除了能引起败血症和流产外，还能引起下痢，无神经症状。剖检蚓突黏膜有弥漫性淡灰色粟粒大的小结节，母兔子宫发炎肿大，在其黏膜上有一层淡黄色污物，未产的胎儿发育不全或木乃伊化。从病兔的血液及各脏器可分离出沙门氏菌。

（3）野兔热 野兔热患兔一般无神经症状，剖检见淋巴结显著肿大，呈深红色并有针尖大的灰白色干酪样坏死病灶。以病料涂片染色镜检，为革兰氏阴性的多形态杆菌，呈球形或长丝状。

【防控】

（1）预防

① 严格执行兽医卫生防疫制度，搞好环境卫生，正确处理粪便，消灭老鼠及其他啮齿类动物；管好饲草、饲料、水源，防止污染，饮水用漂白粉消毒；防止野兔及其他畜禽进入兔场，引进兔时要隔离观察。

② 发生本病，即全群检疫，病兔隔离治疗或淘汰。笼舍用具及场地用4%火碱水、3%来苏儿、10%漂白粉进行彻底消毒。

③ 病兔肉及其产品应作无害化处理。有关工作人员应注意个人防护特别是儿童和孕妇，不要接触病兔及其污染物，以防感染。

（2）治疗 病兔初期治疗有一定效果，一旦出现神经症状，药物就难以奏效了。

① 10%磺胺嘧啶钠注射液，肌内注射，成年兔2mL，青年兔1.5mL，幼兔1mL，每天2次，连用3天。

② 增效磺胺嘧啶，肌内注射，每千克体重25mg，每天2次，连用3天。

③ 新霉素，混于饲料中喂给，每只兔每次2万～4万单位，每日3次，连用3天。

④ 四环素，口服，每只兔用0.2g，每日1次，连用3天。

⑤ 庆大霉素，肌内注射，每千克体重1～2mg，每日2次，连用3～5天。

⑥ 链霉素，肌内注射，每只兔10万～20万单位，每日2次，连用3～5天。

⑦ 金银花、栀子根、野菊花、茵陈、钩藤根、车前草各3g，水煎服。

十五、兔密螺旋体病

兔密螺旋体病是兔密螺旋体引起的成年家兔的一种慢性传染病。临诊表现为外生殖器、面部、肛门部的皮肤及黏膜发生炎症、结节、溃疡，患部的淋巴结发炎。是家兔的性传播疾病，称为兔梅毒，病原不感染其他动物。

【病原】兔密螺旋体为螺旋体科密螺旋体属的细长、两端尖直的螺旋形微生物，有8～14个致密规则的小螺旋。长6～15μm，宽0.1～0.2μm，在外膜与胞质膜间有3～4根轴丝（内鞭毛）。革兰氏阴性，但着色差。将病部渗出液或淋巴液涂片固定，姬姆萨染色效果较好，姬姆萨染色呈红色。常用Fontana镀银染色法，染成棕褐色（图1-15-1）。有运动性。有时受动物特异抗体形态异常，折光率高，团块状。在暗视野镜检，可见到旋转运动，不易染色（图1-15-2）。病原菌存在病兔生殖器官病灶中，皮肤划痕、眼角膜均可复制出本病。本菌抵抗力不强，3%来苏儿、1%～2%氢氧化钠溶液均有杀灭作用。

图1-15-1 兔密螺旋体的形态

图1-15-2 兔密螺旋体的形态及运动发生

【流行特点】本病只发生于家兔和野兔，病原体主要存在于病变部组织。病兔是主要的传染源。主要通过交配经生殖道传播，所以发病的绝大多数是成年兔，幼兔极少。此外，被病兔的分泌物和排泄物污染的垫草、饲料、用具等也是传播媒介。兔局部发生损伤可增加感染机会。这种病菌只对家兔和野兔有致病性，对人和其他动物不致病。放养和群养兔发病率比笼养兔高。本病发病率高，但病死率低，有时仅引起局部淋巴结感染，外表看似健康，但长期带菌成为危险的传染源。育龄母兔的发病率比公兔高，育龄母兔的发病率为65%，公兔为35%。

【临诊症状】 本病的潜伏期为2～10周。患病公兔可见龟头、包皮和阴囊肿大。患病母兔先是阴道边缘或阴门周围的皮肤和黏膜潮红、肿胀（图1-15-3），发热，形成粟粒大的结节，随后从阴道流出黏液性、脓性分泌物，结成棕色的痂，轻轻剥下痂皮，可露出溃疡面，创面湿润，稍凹陷，边缘不齐，易出血，周围组织出现水肿。病灶内有大量病菌，可因兔的搔抓而由患部带至鼻、眼睑、唇和爪及其他部位，造成脱毛。慢性感染部位多呈干燥鳞片状，稍有突起，腹股沟淋巴结或腘淋巴结可肿大。患病公兔不影响性欲，患病母兔的受胎率大大降低。病兔精神、食欲、体温、大小便等无明显变化。

【病理变化】 剖检可见皮肤、面部、口腔、上呼吸道及肝脏、脾脏、肺脏等器官出现丘疹结节，周围组织水肿或出血。心脏有炎性损害。肺脏布满灰白色小结节，呈弥漫性肺炎及灶性坏死。肝脏肿大，呈黄色，有许多灰白色结节和小坏死灶。脾脏肿大，有灶性结节和坏死区。睾丸肿大、充血、出血有灰黄色坏死灶（图1-15-4）。子宫布满白色结节，有的发生灶性脓肿。肾上腺、甲状腺、胸腺和唾液腺都有坏死灶。

图1-15-3 阴门周围的皮肤和黏膜潮红、肿胀

图1-15-4 睾丸肿大、充血、出血有灰黄色坏死灶

【诊断】根据病兔多为成年家兔，母兔受胎率低，临诊检查无全身症状，仅在生殖器官等处有病变等临诊表现可做出初步诊断。为了进一步确诊，可采集病变部皮肤压出的淋巴液或局部淋巴结抽出液或包皮洗出液，置于玻片上，直接在暗视野显微镜下观察，如见有蜿蜒样前进、沿纵轴旋转或前后运动的细长螺旋状菌，即可对本病作出诊断。也可用印度墨汁染色、Fontana镀银染色或姬姆萨染色，观察菌体形态。

【鉴别诊断】有时本病须与金黄色葡萄球菌病和疥螨病区别，结合各病的特点，通过病原微生物检验，极易诊断。

【防控】

（1）预防

① 兔场要严防引进病兔。新引进的兔必须隔离观察1个月，确定无病时方可入群。

② 定期检查公、母兔外生殖器，对患兔或可疑兔停止配种，隔离治疗。病重兔都应淘汰。

③ 环境定期消毒。彻底清除污物，用1%～2%火碱或2%～3%的来苏儿消毒兔笼和用具。

（2）治疗

① 全身治疗。病兔早期可用新胂凡纳明（九一四）以灭菌蒸馏水或生理盐水配成5%溶液，耳静脉注射，每千克体重40～60mg，1次不能治愈者，间隔1～2周后重复1次。同时配合其他抗生素进行治疗，效果更佳。青霉素，肌内注射，每千克体重10万单位，每天3次，连用5天。链霉素，肌内注射，每千克体重15～20mg，每天2次，连用3～5天。

② 局部治疗。患部用2%硼酸溶液或0.1%高锰酸钾溶液或肥皂水洗涤干净后，再涂搽碘甘油或青霉素软膏，溃疡面涂搽25%甘汞软膏，可加快愈合。用药后10～14天内可治愈。

十六、坏死杆菌病

坏死杆菌病是由坏死梭状杆菌引起的以皮肤和口腔黏膜坏死为特征的散发性慢性传染病。

【病原】坏死梭状杆菌为拟杆菌科丝杆菌属的革兰氏阴性菌，无运动性，不形成芽胞，多形性。病灶中和新分离出的细菌呈长丝状，内含圆球状物，在多次培养后细菌才成为长的杆菌（图1-16-1）。本菌广泛存在于自然界，也是健康动物扁桃体和消化道黏膜的常在菌。

图1-16-1 坏死杆菌的形态

【流行特点】患病动物是主要传染源，但健康带菌动物在一定程度上也起着传播作用。本菌能侵害多种运物，幼兔比成年兔易感性高。本菌不能侵入正常的皮肤和黏膜，只有当因外伤、病原菌感染而使组织受损时，细菌乘机进入受损部位引起发病，所以本病多为散发。偶呈地方性流行或群发。另外，其他嗜氧菌并存时，消耗大量氧气，有利于本菌的生长。动物在污秽条件下易受感染。潮湿、闷热、昆虫叮咬、营养不良等可促发本病。

【临诊症状】病兔停止采食、流涎，体重迅速减轻。一种病型是在唇部、口腔黏膜、齿龈等处出现坚硬肿块，随后出现坏死、溃疡，形在脓肿。肿块也常发生于颈部（图1-16-2）、头面部（图1-16-3）及胸部，经2～3周后死亡。另一种病型是在病兔腿部和四肢关节或颌下、颈部、面部以至胸部等处的皮肤内繁殖，发生坏死性炎症，形成脓肿、溃疡（图1-16-4、图1-16-5），或侵入肌肉和皮下组织形成蜂窝织炎。病灶破溃后散发恶臭气味。坏死病变具有持久性，可连续存在数周或数月。病兔体温升高，体重减轻，最后衰竭死亡。

图1-16-2 坏死杆菌病兔颈部的肿块

图1-16-3 坏死杆菌病兔唇部的肿块

图1-16-4 坏死杆菌病兔前肢腿部的肿块

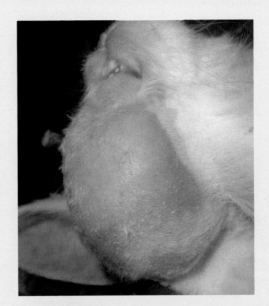

图1-16-5 坏死杆菌病兔颌下的肿块

【病理变化】剖检可见病兔的口腔黏膜、齿龈、舌面、颈部和胸前皮下组织及肌肉组织等坏死。淋巴结（尤其是颌下淋巴结）肿大，并有干酪样坏死病灶。多数病兔在肝脏、脾脏、肺脏等外有坏死灶，并伴有心包炎、胸膜炎。后腿有深层溃疡的病变。有些病例多处见有皮下肿胀，内含黏稠的化脓性或干酪样物质。在病变不可见到血栓性静脉炎栓塞的变化。坏死组织有特殊臭味。

【诊断】根据流行特点、临诊症状、病理变化可做出初步诊断。确诊应依据坏死梭杆菌的鉴定。

（1）直接镜检 病料涂片，染色，镜检，根据病原的形态及染色特性可做出初步诊断。

（2）动物试验 病料制成乳剂后，注0.5～1.0mL于兔的耳外侧，或注0.2～0.4mL于小鼠尾部皮下，2～3天后，在接种部位出现坏死，并逐渐扩大，8～10天后接种动物死亡。

【鉴别诊断】本病应注意与兔葡萄球菌病、兔铜绿假单胞病和兔传染性水疱口炎等疾病的鉴别。

（1）兔葡萄球菌病　化脓性炎症以形成有包囊的脓肿为特征，脓肿虽多位于皮下或肌肉，但局部皮肤常不坏死和形成溃疡。脓液无恶臭气味。

（2）兔铜绿假单胞病　常在肺等内脏和皮下形成脓肿，脓液呈淡绿色或褐色，有芳香气味。

（3）兔传染性水疱口炎　虽有流涎症状和口膜炎变化，但口膜炎的病变表现为水疱、糜烂和溃疡。其他组织器官常无病变。本病呈急性经过，病原为一种病毒。

【防控】

（1）预防

① 加强饲养管理，清除饲草、笼内的锐利物，以防损伤兔体表面皮肤和黏膜。对已经破损的皮肤、黏膜，要及时用3%双氧水或1%高锰酸钾溶液洗涤，但不可涂结晶紫和龙胆紫。

② 从外地引进种兔时，必须进行隔离检疫1个月，确定无病时方可入群。

③ 兔群一旦发病，要及时进行隔离治疗，淘汰病、死兔。彻底清扫兔舍并进行消毒。

（2）治疗

① 局部治疗。首先除去坏死组织，口腔先用0.1%高锰酸钾溶液冲洗，然后涂搽碘甘油或10%氯霉素酒精溶液，每日2～3次。其他部位可用3%双氧水或5%来苏儿冲洗，然后涂搽5%鱼石脂酒精溶液或鱼石脂软膏。如局部有溃疡形成，清理创面后涂以土霉素软膏或青霉素软膏或金霉素软膏等。

② 全身治疗。磺胺二甲嘧啶，肌内注射，每千克体重0.15～0.20g，每天2次，连用3天。或青霉素，肌内注射，每只兔20万单位，每天2次，连用3天。或土霉素，肌内注射，每千克体重20～40mg，每天2次，连用3天。若兔的食欲下降，可灌硫酸钠导泻或灌大黄苏打片健胃。

十七、野兔热

野兔热，又名土拉热，是由土拉热弗朗西斯菌引起人兽共患的一种急性、热性、败血性传染病。本病的特征为体温升高和淋巴结、肝脏、脾脏等内脏器官的化脓坏死结节形成。

【病原】土拉热弗朗西斯菌为革兰氏阴性，但着色不良，用美蓝染色呈明显的两极着染。在患病动物血液中为球形，在培养基上则呈多形性，如球形、杆状、长丝状等（图1-17-1），在病料中可看到荚膜。本菌抵抗力颇强，水中存活90天，饲料中存活130天，尸体中可存活100天，60℃高温、石炭酸、来苏儿很快杀死。氨基糖苷类抗生素、链霉素、庆大霉素、卡那霉素等对本菌都有杀灭作用，四环素及氯霉素对本菌有抑制作用。

【流行特点】野生动物很易感，海狸鼠、水松鼠、狐、貂等均易感，呈地方性流行。对小白鼠、豚鼠、兔等最易感，同时可以通过兔直接接触传染给人，特别是野兔肉、兔肠最严重。病菌通过污染的饲料、饮水、用具以及吸血昆虫而传播，并通过消化道、呼吸道、伤口及皮肤与黏膜而入侵。多发生于春末夏初啮齿动物与吸血昆虫繁殖孳生的季节。

图1-17-1 土拉热弗朗西斯菌的形态

【临诊症状】 本病潜伏期1～10天。临诊症状可分为急性型和慢性型。

（1）急性型　不易看到临诊症状，仅有个别病例于临死时表现精神萎靡、食欲不振、运动失调，2～3天内呈急性败血症而死亡。

（2）慢性型　发生鼻炎，鼻腔流出黏性或脓性分泌物（图1-17-2）。体温升高1～1.5℃。颌下、颈下、腋下和腹股沟淋巴结肿大、质硬，极度消瘦，最后衰竭而死。

【病理变化】 剖检特征根据病程长短而有所不同。急性死亡的病兔呈现败血症，并伴有下述特征性病变。病程较长的病兔，淋巴结显著肿大、呈深红色，可能有针头大的灰白色干酪样的坏死点。脾脏肿大、呈深红色，表面与切面有灰白或乳白色的粟粒至豌豆大的坏死结节（图1-17-3）。肝脏肿大，有散发性针尖至粟粒大的坏死结节。肾脏肿大，并有灰白色粟粒大的坏死点（图1-17-4）。肺脏充血并含有块状的实变区。骨髓也可能有坏死病灶。

【诊断】 根据多发生于春末夏初啮齿动物与吸血昆虫繁殖孳生季节的流行特点，有鼻炎、体温升高、消瘦、衰竭与血液白细胞增多等临诊症状，淋巴结、脾脏、肝脏、肾脏有特征的化脓性坏死结节的病理变化等可做出初步诊断。确诊需进行病原菌检查。

图1-17-2 慢性型野兔热病兔发生鼻炎，鼻腔流出脓性分泌物

图1-17-3 脾脏的坏死结节

图1-17-4 肾表面的坏死点

【鉴别诊断】但在兔李氏杆菌病与兔伪结核病病兔的有些器官也可见坏死灶或坏死结节，应注意鉴别。

（1）兔李氏杆菌病　灰白色坏死灶主要位肝脏、心脏、肾脏，同时有脑炎、流产及单核细胞增多等临诊变化。无淋巴结坏死灶。

（2）兔伪结核病　灰白色粟粒状结节病变主要位于盲肠蚓突、圆小囊，其次为脾脏、肝脏、肠系膜淋巴结。有慢性下痢症状，病原为伪结核耶尔森氏杆菌。

【防控】

（1）预防

① 兔场要注意灭鼠杀虫，驱除兔体内外寄生虫，经常对笼舍及

其用具进行消毒，严防野兔进入兔场。

② 引进种兔要隔离观察，确认无病后方可入群。

③ 发现病兔要及时治疗，无治疗价值的要采取烧毁等严格处理措施。

④ 疫区可试用弱毒疫苗预防接种。

⑤ 本病属人兽共患病，剖检病尸时要注意防护，以免感染人。

（2）治疗

① 卡那霉素，肌内注射，每千克体重10～20mg，每日2次，连用3～4天。

② 链霉素，肌内注射，每千克体重20mg，每日2次，连用4天。

③ 金霉素，每千克体重20mg，用5%葡萄糖溶液溶解后静脉注射，每日2次，连用3天。

④ 甲砜霉素，肌内注射，每千克体重20～40mg，每日2次，连用3～5天。

十八、铜绿假单胞菌病

兔铜绿假单胞菌病是一种由铜绿假单胞菌引起的，以出血性肠炎及肺炎为特征的散发性流行性传染病。本病特征发病急，病程短，不及时治疗便很快死亡，多年来，给养兔业带来极大的经济损失。

【病原】铜绿假单胞菌是一种多形的细长、中等大的杆菌，大小为0.4μm×2.5μm，革兰氏染色阴性（图1-18-1）。不形成芽胞，有时出现荚膜。本菌对营养要求不严格，在普通培养基上生长良好。在普通琼脂培养基上生长后，形成光滑、湿润、蓝绿色、边缘整齐、隆起的中等大菌落（图1-18-2）。菌体代谢产物中有一种毒力很强的外毒素A；另一种外毒素磷脂酶C是一种溶血毒素。本菌型特别复杂，目前尚无统一的分型标准，但各国多采用血清学（凝集试验）分型方法，已公布为12个血清型（群）。本菌对磺胺、青霉素等不敏感，而对多黏菌素B和多黏菌素E、庆大霉素、金霉素、链霉素、新霉素、土霉素、四环素敏感。但本菌易产生抗药性，故治疗时应先进行药敏试验。

【流行特点】本菌广泛存在于土壤、水和空气中，在人、畜的肠道、呼吸道和皮肤上也普遍存在。因此，病畜及带菌动物是主要传染源。它们的粪便、尿液、分泌物会污染周围的饲料、饮水和用具，经消化道、呼吸道及伤口感染。任何年龄的家兔都可发病，一般为散发，无明显季节性。不合理使用抗生素预防或治疗病兔，也

图1-18-1 铜绿假单胞菌的形态（革兰氏染色）

图1-18-2 铜绿假单胞菌在普通琼脂培养基上的菌落

可诱发本病。

【临诊症状】本病常突然发生。病兔表现突然不食，精神沉郁，昏睡，呼吸困难，体温升高，眼结膜红肿，鼻腔内流出少量半透明的分泌物，腹泻，排出血样的稀粪，一般在出现腹泻24小时左右死亡。慢性病例有腹泻症状或皮肤出现脓肿，脓汁呈淡绿色或灰褐色黏液状，散发出特殊的气味。有的也可见到化脓性中耳炎病变。有的病兔生前无任何症状，死后剖检才见有病理变化。

【病理变化】剖检可见病兔胃内有血样液体，肠道内尤其是十二指肠、空肠黏膜出血，肠腔内充满血样液体（图1-18-3）。内脏浆膜有出血点或出血斑；胸腔、心包腔和腹腔内积有血样液体。脾脏肿大，呈粉红樱桃红色；肺脏有点状或广泛性出血，有的病例肺脏肿大，呈深红色、肝样变；肝脏有时会出现化脓灶（图1-18-4）。有些病例在肺部及其他器官形成淡绿色或褐色黏稠的脓液。

【诊断】根据本病的流行特点、临诊症状及其病理变化可做出初步诊断，确诊需进行病原菌检查和动物接种。

【鉴别诊断】本病注意与兔魏氏梭菌病、兔泰泽氏病进行鉴别。

（1）兔魏氏梭菌病　魏氏梭菌为革兰氏阳性大杆菌，在鲜血平板上能形成双溶血环。死于魏氏梭菌病的兔，胃底黏膜有黑色溃疡，盲肠黏膜有鲜红色血斑，胃和小肠内无血样分泌物，而兔铜绿假单胞菌病无此病变。

图1-18-3　胃肠内充满血液液体

图1-18-4　肝脏上的化脓灶

（2）兔泰泽氏病 剖检泰泽病兔，胃和小肠肠腔内无血样内容物，脾脏不肿大，肺脏无点状出血，铜绿假单胞菌病则相反。病料接种于鲜血平板上，如有溶血菌落，菌落及周围培养基呈蓝绿色，为铜绿假单胞菌，否则为泰泽氏菌的毛发状芽孢杆菌。

【防控】

（1）预防

① 加强日常饮水和饲料卫生，防止水源和饲料被污染。

② 做好兔场防鼠灭鼠工作。

③ 有本病史的兔场，可用铜绿假单胞菌单价或多价灭活苗，每只兔皮下或肌内注射1mL，免疫期为半年，每年免疫2次。

④ 当发生本病时，对病兔及可疑兔要及时隔离治疗，兔舍应全面消毒，死兔及污物一律烧毁深埋。

（2）治疗。铜绿假单胞菌对多种抗生素产生抗药性，为确保治疗效果，最好先做药敏试验，选用高敏药物。

① 抗生素疗法。多黏菌素，肌内注射，每千克体重1万单位，每天2次，连用3～5天。或庆大霉素，肌内注射，每只兔每次2万～4万单位，连用3～5天。或硫酸新霉素，肌内注射，每千克体重每次40mg，每天2次，连用3～4天。

② 中药疗法。郁金2g，白头翁2g，黄檗2g，黄芩2g，黄连1g，栀子2g，白芍2g，大黄1g，诃子1g，甘草1g，共研细末，开水冲半小时后拌料，预防用量为每天每千克体重1g，治疗量为每天每千克体重2g。

十九、肺炎克雷伯氏菌病

本病是由肺炎克雷伯氏菌引起的一种家兔散发性传染病，青年、成年兔以肺炎及其他器官化脓性病灶为特征，幼兔以腹泻为特征。

【病原】 肺炎克雷伯氏菌为革兰氏阴性、短粗、卵圆形杆菌（图1-19-1）。本菌在血平板上菌落颇大，呈灰白色，黏液状，菌落

图1-19-1 肺炎克雷伯菌的形态

图1-19-2 肺炎克雷伯氏菌在血平板上的菌落

相互融合（图1-19-2）。本菌对升汞、氯亚明、石炭酸等消毒液敏感，链霉素对本菌有抑制和杀灭作用。

【流行特点】本菌为肠道、呼吸道、土壤、水和谷物等的常见菌。当兔机体抵抗力下降或其他原因造成应激，如忽冷忽热、饲料的突然变化、长途运输等，可促使本病发生，引起呼吸道、泌尿系统和皮肤感染。各种年龄、品种、性别的兔均易感染，但以断奶前后仔兔及怀孕母兔发病率最高、受害最为严重。

【临诊症状】青、成年患兔病程长，无特殊临诊症状，一般表现为食欲逐渐减少和渐进性消瘦，被毛粗乱，行动迟钝。呼吸时而急促，打喷嚏，流稀水样鼻涕。本病常与大肠杆菌病并发。

【病理变化】剖检见肺部和其他器官、皮下、肌肉有脓肿，脓液呈灰白色或白色黏稠物。幼兔剧烈腹泻，迅速衰弱以至死亡。幼兔肠道黏膜充血、淤血、肠腔内有多量黏稠物和少量气体。

【诊断】根据流行特点、临诊症状和病理变化可初步做出诊断，确诊需进行生化鉴定及动物接种试验。

【防控】目前无特异性预防方法。治疗用链霉素，肌内注射，每千克体重2万单位，每日2次，连用3天。

二十、兔链球菌病

本病是由溶血性C群兽疫链球菌引起的一种急性败血性传染病，各种年龄兔均可发病，主要危害幼兔。

【病原】本病主要由溶血性C群兽疫链球菌所引起。肝脾抹片镜检，本菌有荚膜，多呈双球菌排列，很少单个存在，间有4～6个的短链，在血液与胸腔积液中可见长链（图1-20-1）。本菌无运动性，不形成芽孢，革兰氏阳性，需氧兼性厌氧菌。本菌对外界抵抗

图1-20-1 溶血性C群兽疫链球菌的形态

力较强，在-20℃的条件下生存1年以上，室温下可存活6天，60℃30分钟可以灭活。对一般的消毒药物均敏感，常用的消毒药如2%石炭酸、0.1%升汞、2%来苏尔以及0.5%漂白粉均可在2小时内将其杀死。对青霉素、红霉素、金霉素、四环素及磺胺类药物均敏感。

【流行特点】病菌存在于许多动物和家兔的呼吸道、口腔及阴道中，在自然界分布很广。本病主要侵害幼兔，发病不分季节，但以春、秋两季多见。

【临诊症状】病兔表现体温升高，不吃，精神沉郁，呼吸困难，间歇性腹泻。或死于脓毒败血症。有的病例不显临诊症状而急性死亡。

【病理变化】剖检可见皮下组织浆液出血性炎症、卡他出血性肠炎、脾脏肿大等败血性病变，肝脏、肾脏呈脂肪变性。肺脏暗红至灰白色（图1-20-2），伴有胸膜肺炎、心外膜炎。

【诊断】根据流行特点、临诊症状和病理变化可怀疑本病，确诊须进行病原菌分离鉴定。

图1-20-2 兔链球菌病肺脏呈现暗红至灰白色

【防控】

（1）预防 防止兔感冒，减少诱病因素。发现病兔立即隔离，并进行药物治疗。

（2）治疗 青霉素，肌内注射，每只兔5万～10万单位，每日2次，连用3天。或红霉素，肌内注射，每只50～100mg，每日2～3次，连用3天。或磺胺嘧啶钠，内服或肌内注射，每千克体重0.2～0.3g，每日2次，连用4天。

二十一、皮肤真菌病（毛癣菌病）

本病是由致病性皮肤癣真菌引起的以皮肤局部脱毛、形成痂皮甚至溃疡为特征的传染病。本病是养兔场严重的传染病之一。

【病原】 须毛癣菌或石膏样小孢子菌是引起本病最常见的病原体。须毛癣菌的菌丝呈螺旋状、球拍状或结节状，大分生孢子呈棒状或细梭状，有2～6个横隔，小分生孢子呈葡萄串状或棒状。小孢霉菌的菌丝呈结节状或梳状，大分生孢子呈纺锤状，小分生孢子呈卵圆形或棒状。

【流行特点】 病兔和带菌兔是本病的主要传染源。本病主要是通过健兔与病兔直接接触，相互抓、舔、吮吸和交配等而传播，也可通过各种用具及饲养人员间接传播。各种品种的兔均能感染，幼龄兔比成年兔易感。本病除感染兔外，也感染各种畜禽、野生动物和人。一年四季均可发生，以春季和秋季换毛季节多发。体外寄生虫，如虱、蚤、蝇、螨等在传播上有重要意义。潮湿、多雨、污秽的环境条件，兔舍及兔笼卫生不好，可促使本病发生。病的发生及其危害的程度，常取决于个体的素质。幼兔和体质较差的兔，其症状明显且严重。患病动物康复后，对同种真菌病原菌具有一定的抵抗力，一般在相当长的时间内不再感染。兔群一旦有个别兔发病，如果不隔离会迅速蔓延到全群。

【临诊症状】 本病病初多发生于兔的头部 { 如嘴周围（图1-21-1）、鼻部（图1-21-2）、面部（图1-21-3）、眼周围（图1-21-4）}、

图1-21-1 兔嘴周围发生的皮肤真菌病

图1-21-2 兔鼻部发生的皮肤真菌病

图1-21-3 兔面部发生的皮肤真菌病

图1-21-4 兔眼周围发生的皮肤真菌病

耳朵（图1-21-5）及颈部等皮肤（图1-21-6），继而感染肢端（图
1-21-7）、腹下（图1-21-8）及其他部位（图1-21-9）。病变皮肤表面
呈不规则的块状或圆形、椭圆形脱毛或断毛，覆盖一层灰白色或灰
黄色糠麸状痂皮（图1-21-10、图1-21-11），痂皮脱落后出现小的溃
疡，造成毛根和毛囊脓肿。若继发细菌感染，常引起毛囊脓肿。患
兔剧痒，骚动不安，采食下降，逐渐消瘦，衰竭而死。有些母兔眼
观外表皮肤无病变，但当产仔哺乳数天，见乳头周围出现白色糠麸
状痂皮，同时哺乳仔兔眼圈、嘴周等部位出现脱毛、红肿、结痂，
继而扩散至皮肤其他部位。

图1-21-5 兔耳朵发生的皮肤真菌病

图1-21-6 兔颈部发生的皮肤真菌病

图1-21-7 兔肢端发生的皮肤真菌病

图1-21-8 兔腹下发生的皮肤真菌病

图1-21-9 兔其他部位发生的皮肤真菌病

图1-21-10 兔皮肤真菌病皮肤的灰白色糠麸状痂皮

图1-21-11 兔皮肤真菌病皮肤的灰黄色痂皮

【病理变化】患部结痂，痂皮下组织发生炎性反应，有小的溃疡。毛囊出现脓肿。表皮过度角质化。

【诊断】根据流行特点、临诊症状和病理变化可做成初步诊断，确诊需刮取病部皮屑检查，发现真菌孢子和菌丝体即可确诊。

【鉴别诊断】本病应与兔疥螨病、营养性脱毛、拉毛、换毛、遗传性无毛区别开。

（1）兔疥螨病 由疥螨引起，主要寄生于兔头部和掌部的短毛处，以后蔓延至躯干部。病兔脱毛，奇痒，皮肤发生炎症和龟裂。从深部皮肤刮屑可检出疥螨。

（2）营养性脱毛 多发生于夏、秋季节，呈散发，多见于成年与老年兔。皮肤无异常，断毛较整齐，根部有毛茬，多在1cm以下。发生部位一般在兔的大腿、肩胛两侧及头部（图1-21-12）。

（3）拉毛 无论母兔自行拉毛还是人工拉毛，无毛区的皮肤无炎症反应。

（4）换毛 部分脱毛，或全部脱毛，皮肤正常，无炎症变化（图1-21-13）。皮肤刮屑检查，真菌和寄生虫均为阴性。

（5）遗传性无毛 部分脱毛，或全部脱毛，皮肤无炎症变化。皮肤刮屑检查，未发现真菌和寄生虫。

【防控】

（1）预防

① 加强饲养管理，供给动物必需氨基酸和各种维生素、矿物质等，以增强动物的抗病能力，同时搞好兔笼及兔体皮肤卫生。

图1-21-12 头部发生的营养性脱毛

图1-21-13 正常换毛的家兔

② 引种要慎重。对来自种兔场的兔尤其是仔、幼兔要严格调查，确信无本病时方可引种。

③ 一旦发现兔群有患兔可疑，立即隔离治疗，最好做淘汰处理，并对所在环境进行全面彻底消毒。

④ 本病可传染给人，尤其是小孩、妇女，因此应注意个人防护工作。

（2）治疗　由于本病传染快，治疗效果虽然较好但易复发，故建议以淘汰为主。治疗可采取以下方法。

① 局部治疗。先用温肥皂水或消毒药水涂擦，以软化痂皮，将痂皮去掉，然后涂擦克霉唑软膏或咪康唑软膏或益康唑软膏或癣净或10%水杨酸软膏或10%木馏油软膏或制霉菌素软膏、2%福尔马林软膏等，每日涂2次，连涂数日，直至痊愈。

② 全身治疗。灰黄霉素，口服，每千克体重25～60mg，每天1次，连用15天，停药15天再用15天。或酮康唑，每千克体重3mg，每日3次，连用2～8周。

二十二、附红细胞体病

附红细胞体病是由附红细胞体引起的人兽共患的一种传染病。其特征是发热、贫血、黄疸、消瘦和脾脏、胆囊肿大。我国于1981年首次在家兔中发现附红细胞体病后，目前已分布于全国各地。

【病原】附红细胞体是一种多形态微生物，多数为环形、球形和卵圆形，少数为顿号形和杆状。常寄生于红细胞和和血浆中（图1-22-1）。本病对干燥和化学药品比较敏感，常用浓度的消毒液可在几分钟内将其杀死。

【流行特点】本病可经直接接触传播。如通过注射、打耳号、剪毛及人工授精等经血源传播，或经子宫感染垂直传播。吸血昆虫如扁虱、刺蝇、蚊、蜱等以及小型啮齿动物是本病的传播媒介。本病一年四季均可发生，但以吸血昆虫大量繁殖的夏、秋季节多见。兔舍与环境严重污染、兔体表患寄生虫病、存在吸血昆虫滋生的条件等，可促使本病的发生与流行。

【临诊症状】病兔表现精神不振，食欲减退，体温升高，结膜淡黄，贫血，消瘦，全身无力，不愿活动，喜卧。呼吸加快，心力衰竭，尿黄（图1-22-2），粪便时干时稀。有的病兔出现神经症状。

图1-22-1 附红细胞体附着于红细胞表面

图1-22-2 附红细胞体病兔排的黄尿

【病理变化】病死兔血液稀薄，黏膜苍白，腹膜黄白色，腹腔积液，脾脏肿大，胆囊胀满（图1-22-3），胸膜脂肪和肝脏黄染（图1-22-4）。

【诊断】根据流行特点、贫血和消瘦等临诊症状和病理变化而做出初步诊断。确诊则需做实验室检查。

图1-22-3 附红细胞体病病兔的胆囊胀满

图1-22-4 附红细胞体病病兔的胸膜脂肪和肝脏黄染

【防控】

（1）预防

① 消除各种应激因素对兔体的影响，夏、秋季节防止昆虫叮咬。

② 发生疫情时，隔离病兔进行治疗，无治疗价值的一律淘汰。

③ 用3%过氧乙酸溶液或2%火碱溶液进行全面消毒。

④ 未发病兔群，喂服混有四环素的饲料，并饮用含有0.003%百毒杀的水，进行药物预防。

（2）治疗

① 新胂凡纳明（914），每千克体重40～60mg，以5%葡萄糖溶液溶解成10%注射液，静脉缓慢注射，每日1次，隔3～6天重复用药1次。

② 四环素，肌内注射，每千克体重40mg，每日2次，连用7天。

③ 土霉素，肌内注射，每千克体重40mg，每日2次，连用7天。

④ 血虫净（贝尼尔）、氯苯胍等也可用于本病的治疗。

⑤ 贝尼尔＋强力霉素或贝尼尔＋土霉素，按说明用药，具有良好的效果。

二十三、兔流行性腹胀病

兔流行性腹胀病是以临诊表现腹胀、且临诊表现具有传染性为特征的一种新出现的疾病。近年来，本病发生呈大幅上升的趋势，对养兔业造成严重经济损失。

【病因】 目前仍不清楚其病因。在临诊上，曾怀疑饲料霉变，但更换饲料不能阻止发病；因怀疑大肠杆菌病，曾用多种抗生素类药如氧氟沙星等添加在饲料中进行预防，也不能产生良好的效果；在死亡兔的肠内容物中发现有较多球虫卵囊，但在饲料中加抗球虫药物进行预防，仍不能起到防治效果。因此有待加强研究，弄清病因或病原，有助于深入研究其发生、发展及控制规律。

【流行特点】 本病始见于2004年春，首先在山东省某兔场发生，后该省诸多兔场发生，继而在全国各地陆续流行，近年全国主要养兔区域如山东、四川、重庆、河南、河北、江苏、浙江、福建、安徽、黑龙江等相继发生。本病一年四季均可发病，秋后至翌年春天发病率较高。不分品种，毛兔、獭兔、肉兔均可发病。以断奶后至4月龄兔发病为主，特别是2～3月龄兔发病率高，成年兔很少发病，断奶前兔未见发病。此外，还发现在某个地区流行一段时间后自行消失，暂时不再发生。

【临诊症状】发病初，病兔减食，精神欠佳，腹胀，怕冷，扎堆，渐至不吃料，但仍饮水。粪便起初变化不大，后粪便渐少，病后期以拉黄色、白色胶冻样黏液为主（图1-23-1）。部分兔死前少量腹泻。摇动兔体，有响水声。腹部触诊，前期较软，后期较硬，部分兔腹内有硬块。发病期间体温不升高，死亡前体温下降至37℃以下。病程3～5天，发病兔绝大部分死亡，极少能康复。发病率达50%～70%。死亡率90%以上，一些兔场发病死亡率高达100%。

【病理变化】剖检见尸体脱水、消瘦。肺脏局部出血（图2-23-2）。胃膨胀（图1-23-3），部分胃黏膜有溃疡，胃内容物稀薄。部分小肠出血，肠壁增厚、扩张（图1-23-4）。盲肠内充气（图1-23-5），

图1-23-1 流行性腹胀病兔排出黄色胶冻样黏液性粪便

内容物较多，部分干硬成块状，如马粪（图1-23-6）。部分肠壁出血，部分肠壁水肿增厚。结肠至直肠多数充满胶冻样黏液。剪开肠管，胶冻样物呈半透明状或带黄色。肝脏、脾脏、肾脏等未见明显变化。

图1-23-2 流行性腹胀病兔肺脏局部出血

图1-23-3 流行性腹胀病兔胃膨胀

图1-23-4 流行性腹胀病兔部分小肠出血，水肿增厚扩张

图1-23-5 流行性腹胀病兔盲肠内充气

图1-23-6 流行性腹胀病兔盲肠内容物部分干硬成块状如马粪

【诊断】断奶至4月龄兔发病，开始少吃料，转而不吃料，腹部臌胀，摇动兔体，有响水声，粪便渐少，或带有胶冻，死亡前部分兔拉少量稀粪。剖检时见胃膨胀，部分有溃疡，胃内容物稀薄，盲肠内容物变干，成硬块，结肠内有较多的胶冻样黏液，有时肺有出血。依据以上条件可以初步作出临诊诊断。

【防控】

（1）预防

① 加强饲养管理。饲料配方要合理，注意饲料中粗纤维饲料比例；定时定量饲喂；变化饲料要逐步进行；霉变饲料禁止喂兔；季节交替时保持兔舍温度相对恒定。

② 定期注射大肠杆菌疫苗、魏氏梭菌疫苗。

③ 饲料中按0.1%（以原药计算）添加复方新诺明，断奶后幼兔连用5～7天，有一定效果；病情严重的，隔1周重复1个疗程。

（2）治疗　目前无有效方法，将患病兔在隔离场所自由活动，会有部分兔自然康复而存活。

第二章

寄生虫病

一、螨病

螨病又叫疥癣或癞、疥疮、疥虫病，是由痒螨（又叫吸吮疥癣虫）寄生在动物的皮肤表面或疥螨（又叫穿孔疥癣虫）寄生在动物的表皮内而引起的一种接触性传染的慢性皮肤寄生虫病。以剧痒、湿疹性皮炎和脱毛，患部逐渐向周围扩展和具有高度传染性为本病特征。临诊上将螨病分为痒螨病和疥螨病。本病对兔的危害十分严重，患病兔贫血、消瘦，严重者可引起大批死亡。

【病原及生活史】寄生于兔的螨较常见的有痒螨科的兔痒螨和兔足螨，疥螨科的兔疥螨和兔背肛螨。兔痒螨为长椭圆形，长0.5～0.9mm，虫体前端有圆锥状的口器，腹面有4对足，前面的两对足粗大，后面的两对足细长，突出身体边缘（图2-1-1）。雄虫腹面后部有两个大的突起，突起上有毛。兔疥螨为圆形，灰白色，长约0.2～0.5mm，背部隆起，腹面扁平，身体背面有许多细的横纹、鳞片及刚毛，腹面有4对粗而短的腿，肛门在虫体背面，距虫体后缘较近（图2-1-2）。

疥螨的口器为咀嚼式，在宿主表皮挖凿隧道，在隧道内进行发育和繁殖。雌螨在隧道内产卵后，卵经3～8天孵出幼螨。幼螨离开隧道爬到皮肤表面，然后钻入皮内开凿小穴，在其中脱皮变为若螨，若螨进一步蜕化形成成螨。雌、雄成螨在宿主表皮上交配，交配后的雄螨不久死亡，雌螨寿命约为4～5周。整个发育过程为8～22天，平均15天（图2-1-3）。痒螨口器为刺吸式，寄生于皮肤

图2-1-1 兔痒螨

图2-1-2 兔疥螨

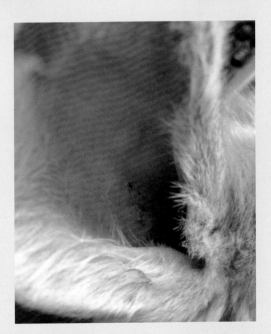

图2-1-3 兔痒螨病 病初耳根红肿

表面，吸取渗出液为食。雌螨在皮肤上产卵，约经3天孵出幼螨，进一步发育蜕化为若螨、成螨。雌、雄成螨在宿主表皮上交配，交配后1～2天即可产卵。痒螨整个发育过程约10～12天。疥螨和痒螨的全部发育过程都在动物体上度过，包括卵、幼虫、若虫、成虫四个阶段。

【流行特点】病兔是本病的传染源。本病主要通过健兔和病兔接触而感染，也可由兔笼、饲槽和其他用具物品而间接传播病原，狗及其他动物也能成为传播媒介。日光不足、阴雨潮湿适于螨的生长繁殖和促使本病的发生。幼兔比成年兔患病严重。本病也可传染给人，但有一定的局限性，1～2个月后可自愈。本病多发生于晚秋、冬季及初春季节，具有高度传染性。

【临诊症状】

（1）兔痒螨病　兔痒螨主要侵害耳部，起初耳根红肿（图2-1-3），随后延及外耳道并引起外耳道炎，渗出物干燥成黄色痂皮，如纸卷样塞满耳道内（图2-1-4）。病耳变重下垂、发痒，病兔经常摇

图2-1-4　兔痒螨病　随着病程的发展出现渗出物干燥成黄色痂皮，如纸卷样塞满耳道内

头、搔耳，有时病变蔓延至中耳和内耳，甚至达到脑部，引起癫痫样症状，严重时导致死亡。兔足螨常常寄生于头部（图2-1-5）、外耳道和脚掌部的皮肤（图2-1-6），引起炎症。传播较慢，易于治疗。

（2）兔疥螨病　一般先在头部和掌部无毛（图2-1-7）或毛较短的部位（如嘴唇、鼻孔及眼周围）引起病变（图2-1-8～图2-1-10），

图2-1-5　兔头部痒螨病

图2-1-6　兔脚掌部痒螨病

图2-1-7　兔爪部疥螨病

图2-1-8　兔嘴唇部疥螨病

后蔓延到其他部位（图2-1-11），严重时可感染全身，使兔产生痒感。患部皮肤充血，稍微肿胀，局部脱毛。病兔发痒不安，常用嘴咬腿爪或用脚爪搔抓嘴及鼻孔。皮肤被搔伤或咬伤后发生炎症，逐渐形成痂皮。随病情的发展，病兔脚爪出现灰白色的痂皮（图2-1-12）。严重时病兔会衰竭死亡。

图2-1-9 兔鼻部疥螨病

图2-1-10 兔眼周围疥螨病

图2-1-11 兔背部皮肤的疥螨病

【病理变化】本病病变主要在皮肤。

（1）兔痒螨病 痒螨寄生时，首先局部皮肤奇痒，进而出现粟粒乃至黄豆大的结节，而后变为水泡及脓疱，擦痒而破溃后流黄色渗出液，并形成痂皮（图2-1-13）。严重可引起表皮损伤，被毛脱落。

图2-1-12 疥螨病兔脚爪出现灰白色的痂皮

图2-1-13 兔痒螨病皮肤因擦痒造成水泡破溃后流出黄色渗出液后，形成痂皮

（2）兔疥螨病　疥螨寄生时，首先在寄生局部出现小结节，而后变为小水泡，病变部奇痒而擦痒破溃，皮下渗出液体而形成痂皮，被毛脱落，皮肤增厚，病变逐渐向四周扩张。随着病情的发展，毛囊和汗腺受到侵害，皮肤角质角化过度，患部脱毛，皮肤肥厚，失去弹性而形成皱褶（图2-1-14）。

【诊断】根据流行特点、临诊症状和病理变化可做出初诊。在健康与病变皮肤交界处采集病料，显微镜下检查发现虫体即可确诊。

螨虫检查法。在病部与健部皮肤交界处用小刀轻刮（以微出血为止）以获取痂皮。刮取物置载玻片上，加1滴50%甘油水溶液或液体石蜡，再加盖玻片后在低倍显微镜下检查虫体。也可将刮取物放入试管中，加10%苛性钠（或钾）溶液，浸泡1～2小时或煮沸1～2分钟，待痂皮等固体有机物溶化，静置20分钟或离心，从管底取沉淀物滴于载玻片上镜检。此外，也可将刮取物放在黑纸上稍加热或置于阳光下，用放大镜或肉眼仔细观察，可见到螨虫在黑纸上爬动。

图2-1-14　兔疥螨病皮肤出现角质角化过度，脱毛，肥厚，失去弹性而形成皱褶

【鉴别诊断】本病与湿疹、毛癣菌病等病的症状相似，诊断时应注意将其区分开。

（1）湿疹 湿疹多发生于腹下，表现为密集的小红点或红疹块，可有脱毛。局部有痒感，但没有螨病严重，在温暖环境中痒感不加剧。有的湿疹不痒，皮屑内无螨虫。

（2）毛癣菌病 毛癣菌病为皮肤真菌引起的皮肤病，可在鼻面或耳部出现环形、突起的灰色或黄色痂皮，易剥离，剥离后皮肤光滑，有时也可在爪及躯干部发生，患部无痒感，镜检病料时可见有癣菌芽胞或菌丝。

【防控】

（1）预防

① 搞好卫生。兔舍应经常保持干燥卫生，通风透光，饲养密度不要过大，勤换垫草，勤清粪便。

② 把好引种关。从无螨病的种兔场引种。引进种兔时，一定要隔离观察3周以上，严格检查，确认无螨病后方可混群。建立无螨兔群是预防本病的关键。

③ 定期消毒。兔舍、兔笼、用具及场地定期消毒（10% ～ 20%石灰乳）。饲养管理人员要时刻注意消毒，以免通过手、衣服和用具散布病原。

④ 定期检疫。经常注意畜群中皮肤有无瘙痒、脱毛现象，一旦发现及时隔离治疗。全群投药预防，兔舍、笼具彻底消毒，尽量缩小传播范围。

（2）治疗 药物治疗原则：先去掉痂皮再用药，不要多次连续用药，以免中毒；兔舍内严禁处理螨病，毛、痂皮等病料应就地烧毁；不宜采用药浴治疗；药物治疗的同时要对笼具等物进行消毒。

① 伊维菌素，内服或皮下注射，每千克体重0.3mg，1周后重复应用1次。

②"兔癣一次净"，按说明书使用。

③ 1% ～ 2%敌百虫水溶液擦洗病部，每日1次，连用2天，7 ～ 10天后再搽洗1次。

④ 用国产50%的杀虫脒配成0.2%溶液，擦洗或浸泡病部2～3分钟，隔日1次，连治3次。

⑤ 用50%辛硫磷乳油剂配成0.1%或0.05%水溶液，涂搽耳壳内外，治疗兔耳螨病。

⑥ 20%杀灭菊酯（速灭杀丁）稀释100倍，局部涂搽，7～10天后再用1次。

⑦ 0.2%蝇毒磷溶液涂于病部，一般1次即愈。严重病例可隔3～5天后再治1次。

⑧ 二氯苯醚菊酯乳油（除虫精）1mg加水2.5～5L，配成2500～5000倍稀释液，涂搽1次。未愈时7天后再治1次。

⑨ 碘甘油（3%碘酊3份，甘油7份，混合）灌入耳内，每日1次，连用3天。多用于治疗兔痒螨病。

⑩ 豆油100mL煮沸，加入硫黄20g，搅拌均匀，待凉后涂搽病部，每日1次，连用2～3天。或灭螨威，先用菜油将1%灭螨威稀释成0.05%浓度，然后患部涂搽。

二、球虫病

兔球虫病是由艾美耳属的多种球虫寄生于家兔的肠上皮细胞和肝脏胆管上皮细胞内引起的一种原虫病。是家兔最常见的一种体内寄生虫病，对养兔业危害极大。其临诊特征是腹泻、消瘦、贫血。兔球虫种类多，感染率高，且常出现混合感染，具有严格的宿主特异性和器官特异性。4～5月龄内的幼兔对球虫的抵抗力很弱，其感染率可达100%，患病后幼兔死亡率一般在40%～70%左右，有时高达80%。耐过的兔生长发育受到严重影响，减重12%～27%。

【病原及生活史】侵害家兔的球虫均属艾美耳属。据文献记载共有17种，分别是斯氏艾美耳球虫、穿孔艾美耳球虫、中型艾美耳球虫、大型艾美耳球虫、梨形艾美耳球虫、无残艾美耳球虫病、盲肠艾美耳球虫、肠艾美耳球虫、兔艾美耳球虫、新兔艾美耳球虫、小型艾美耳球虫、黄艾美耳球虫、松林艾美耳球虫、长形艾美耳球虫、纳格浦尔艾美耳球虫、野兔艾美耳球虫和雕斑艾美耳球虫。目前世界上公认的有前10种，其他争议较大。其中前8种在我国有分布。除斯氏艾美耳球虫寄生于胆管上皮细胞内引起肝球虫病之外，其余各种都寄生于肠黏膜上皮细胞内引起肠球虫病，但往往为混合感染（图2-2-1）引起混合型球虫病。

　　球虫在体内的发育分成不同的阶段，各阶段虫体形态并不相同。在粪便中的球虫称作卵囊。卵囊椭圆形或圆形，镜下呈无色或黄色，有两层轮廓的卵囊壁。新随粪便排出体外的卵囊内含一球形的原生质球，无感染性。经数天后，发育成有4个孢子囊，每个囊内2个子孢子的结构，称孢子化。孢子化的卵囊具有感染性，称感染性卵囊。兔吞食了感染性卵囊后被感染。子孢子在肠道内钻出卵囊，进入肠上皮或胆管上皮进行无性的裂体增殖，产生大量裂殖子。裂体增殖可反复进行，几代过后，出现有性的配子生殖，产生大配子和小配子，二者结合后，形成合子。合子外周形成囊壁即成

图2-2-1 兔的各种球虫卵囊

1—松林艾美尔球虫；2—肠艾美尔球虫；3—盲肠艾美尔球虫；4—中型艾美尔球虫；
5—纳格浦尔艾美尔球虫；6—梨形艾美尔球虫；7—长形艾美尔球虫；8—无残艾美尔球虫；
9—穿孔艾美尔球虫；10—小型艾美尔球虫；11—斯氏艾美尔球虫；12—大型艾美尔球虫

为卵囊。卵囊随粪便排出体外，在一定的温湿度条件下发育成感染性卵囊，开始新的一轮生活史。

兔球虫是艾美尔属的一种单细胞原虫。成虫呈圆形或卵圆形，球虫卵囊随兔的粪便排出体外（图2-2-2），在温暖潮湿的环境中形成孢子化卵囊后即具有感染力。卵囊（图2-2-3）对外界环境的抵抗力较强，在水中可生活2个月，在湿土中可存活一年多。它对温度很敏感，在60℃水中20分钟死亡；80℃水中10分钟死亡；开水中5分钟就死亡。在−15℃以下卵囊就会冻死，但一般的化学消毒剂对其杀灭作用很微弱。

图2-2-2 含有球虫卵囊的兔粪便

图2-2-3 显微镜下粪便中的球虫卵囊（40倍×10倍）

【流行特点】兔球虫病呈世界性分布，我国各地均有发生，其流行与卫生状况密切相关。各品种的家兔对球虫均有易感性，断奶至3个月龄的幼兔最易感，且死亡率高。在卫生条件较差的兔场，幼兔球虫病的感染率可达100%，死亡率在80%左右；成年兔抵抗力较强，多为隐性感染，但生长发育受到影响。成年兔和母兔常为带虫者，对幼兔球虫病的传播起重要作用。本病主要通过消化道传染，母兔乳头沾有卵囊，饲料和饮水被病兔粪便污染，都可传播球虫病。本病也可通过兔笼、用具及饲养人员、苍蝇、老鼠传播。本病一年四季均可发生，在南方梅雨季节常呈现发病高峰，在北方以夏、秋季多发。若兔舍温度经常保持在10℃以上时，则随时都可发生球虫病。一般呈地方性流行。断奶、变换饲料、饲养管理与卫生条件不良等均能促使此病的发生和传播。

【临诊症状】球虫病的潜伏期一般为2～3天或更长。病兔表现精神沉郁，食欲减退，躺卧不动（图2-2-4），眼鼻分泌物增多，眼结膜苍白或黄染。按球虫寄生部位可分为肝型、肠型和混合型，以混合型居多。

图2-2-4　患球虫病的病兔躺卧不动

（1）肝型　病兔出现因肝脏肿大造成腹围增大下垂，触诊肝区有痛感，可视黏膜轻度黄染为特征。严重感染者出现肝功能障碍。患兔精神不振，食欲减退，逐渐消瘦，后期往往出现神经症状，四肢麻痹，最终衰竭而死。

（2）肠型　多呈急性经过，死亡快者不表现任何症状突然倒地，四肢抽搐，头往后仰，角弓反张，惨叫一声而死（图2-2-5）。慢性型表现顽固性下痢，有时出现便秘，有时粪中带血，腹部胀满。患兔精神沉郁，食欲减退，伏卧不动，多于10天后死亡。

图2-2-5 肠型球虫病兔表现突然倒地，四肢抽搐，角弓反张，眼鼻分泌物增多，惨叫一声而死

（3）混合型 临诊上最常见。兼具肝型和肠型两种疾病的症状表现。

【病理变化】

（1）肝型 病兔肝脏肿大，表面和实质有白色或淡黄色结节病灶，呈圆形，粟粒大至豌豆大（图2-2-6），沿胆管分布。切开病灶可见浓稠的淡黄色液体，胆囊肿大，胆汁浓稠色暗（图2-2-7）。在胆管、胆囊黏膜上取样涂片，能检出卵囊。在慢性肝病中，可发生间质性肝炎，肝管周围和小叶间部分结缔组织增生，使肝细胞萎缩，肝体积缩小，肝硬化。

（2）肠型 病理变化主要在肠道，肠壁血管充血，十二指肠扩张、肥厚，黏膜发生卡他性炎症，小肠内充满气体和大量黏液，黏膜充血，上有溢血点。在慢性病例，肠黏膜呈淡灰色，上有许多小的白色小点或结节（图2-2-8），压片镜检可见大量卵囊，肠黏膜上有时有小的化脓性、坏死性病灶。膀胱积黄色混浊尿液，膀胱黏膜脱落。

图2-2-6 肝脏上球虫形成的白色点状病灶

图2-2-7 胆囊肿大，胆汁浓稠色暗

图2-2-8 肠黏膜上小的白色结节

图2-2-9 混合型球虫病的肝脏和肠道病变

（3）混合型　各种病变同时存在，而且病变更为严重（图2-2-9）。

【诊断】根据流行特点、临诊症状和病理变化以及粪便检查发现大量卵囊或肝脏和肠道病变组织内发现大量不同发育阶段的虫体，即可确诊。

【防控】

（1）预防

① 养兔场应建在干燥向阳处，兔舍要保持干燥，兔舍应保持清洁和通风。

② 仔兔、幼兔、成兔分群饲养，新引进兔一定要隔离检疫，发现病兔立即隔离治疗，同时全群紧急药物预防；合理安排母兔的繁殖，使幼兔断奶不在梅雨季节。

③ 加强饲养管理，注意饲料及饮水卫生，及时清扫粪便，将其堆放到固定地方发酵处理，防止兔粪污染草料和饮水。最好使用铁丝兔笼，笼底应有网眼，使粪尿流入下面的底盘之中；草架要固定在笼外，要高出兔笼底板，以减少感染球虫卵囊的机会。保证充足的营养供给鹅，提高兔的抗病力。

④ 要定期进行消毒灭菌。对兔笼和食具等可用开水、蒸汽或火焰进行消毒或用20%的新鲜石灰水或5%漂白粉溶液消毒，杀灭球虫卵囊。或将兔笼放在阳光下曝晒以杀死卵囊。

⑤ 消灭兔场的鼠类、苍蝇及其他昆虫，减少球虫卵囊的传播。

⑥ 在球虫病的流行季节里，对断奶以后至3月龄的仔兔，可在饲料中拌入药物如地克珠利（0.0001%）、莫能菌素（0.004%）、拉沙菌素（0.009%）或盐霉素（0.005%）等药物，连喂1～2个月，进行药物预防。

（2）治疗　发生家兔球虫病时，可用下列药物进行治疗。

① 磺胺间甲氧嘧啶（SMM），按0.01%浓度混入饲料中，连用3～5天，间隔1周后再用1个疗程。

② 磺胺二甲基嘧啶（SM$_2$）与三甲氧苄氨嘧啶（TMP）合剂，按5∶1比例混合后，以0.02%浓度混入饲料中，连用3～5天，间隔1周后再用1个疗程。

③ 磺胺二甲氧嘧啶（SDM），按0.02%浓度混入饲料中，连用3～5天，间隔1周后再用1个疗程。

④ 氯苯胍。按每天每千克体重30mg混入饲料，连用5天，隔3天再用1次。

⑤ 球痢灵（二硝苯酰胺），将此药与3倍量磷酸钙一同研细，配成25%的混合物，以0.025%～0.033%浓度混饲，连用3～5天。

⑥ 百球清，按每天每千克体重25mg混入饮水，连用3天。

⑦ 克球多（氯羟吡啶），按每天每千克体重250mg混入饲料，连用3～5天。

⑧ 复方敌菌净，每天按兔每千克体重30mg（首次饲喂时药量加倍）拌料，连喂3～5天。

⑨ 甲基三嗪酮，主要含甲基三嗪酮，每天饮用药物浓度0.0025%的饮水，连喂2天，间隔5天，再服2天，即可完全控制球虫病。但应注意，若本地区饮水硬度极高和pH值低于8.5的地区，饮水中必须加入碳酸氢钠（小苏打）以使水的pH值调整到8.5～11的范围内。

⑩ 中药疗法。白头翁、黄檗、大黄、秦皮各5g，黄芩25g，煎汁后拌饲喂；或白僵蚕50g，桃仁5g，白术15g，白茯苓15g，猪苓15g，大黄25g，地鳖虫25g，桂枝15g，泽泻5g，共研末，每只兔每天按5g拌料饲喂，连喂2～3天；或黄檗、黄连各10g，大黄7.5g，黄芩25g，甘草15g，共研细末，每只兔每天7.5g，连喂3天；或紫花地丁、鸭舌草、蒲公英、车前草、铁苋菜和新鲜苦楝树叶，每只兔每天各喂30～50g（苦楝树叶喂量少于30g），隔天喂1次。

对球虫病治疗的注意事项：其一，早期用药，晚期效果不好；其二，轮换用药，一般一种药用3～6个月改换其他药，但不能换同一类型的药，如不能从一种磺胺药换成另一种磺胺药；其三，应注意对症治疗，采取辅助疗法（如补液、补充维生素K、补充维生素A等）。另外加上B族维生素和维生素E调节机体神经机能，配以电解质多维葡萄糖补充营养成分，调节机体的酸碱平衡，保护肝脏。

禁止使用含有马杜拉霉素的各种剂型的药物防治兔球虫病，否则易发生中毒。

三、弓形虫病

弓形虫病又称弓形体病、弓浆虫病，是由龚地弓形虫寄生于人和多种温血脊椎动物引起的人兽共患寄生虫病，呈世界性分布。

【病原及生活史】龚地弓形虫隶属于真球虫目、艾美耳亚目、弓形虫科、弓形虫属。龚地弓形虫只有一个种、一个血清类型。弓形虫发育需要两个宿主。猫既是终末宿主同时也是中间宿主。中间宿主吃下包囊、滋养体或卵囊均可感染，虫体进入宿主有核细胞内进行无性繁殖，急性者在腹水中常可见到游离的滋养体。龚地弓形虫在不同的发育期可表现为5种不同的形态，即滋养体（图2-3-1）、包囊（图2-3-2）、裂殖体、配子体和卵囊。滋养体（又称速殖子）和包囊（或称组织囊）存在于中间宿主体内；裂殖子、配子体和卵囊存在于终末宿主（猫）体内。当猫粪内的卵囊或动物肉类中的包

图2-3-1 弓形虫的滋养体

图2-3-2 弓形虫的包囊

囊或假包囊被中间宿主吞食后，在肠管内逸出子孢子、缓殖子或速殖子，随即侵入肠壁，经血或淋巴进入单核吞噬细胞系统寄生，并扩散至全身各组织器官，如脑、淋巴结、肝、心、肺、肌肉等发育繁殖，直至细胞破裂，速殖子重行侵入新的组织、细胞，反复繁殖。猫或猫科动物捕食动物内脏或肉类组织时，将带有弓形虫包囊或假包囊吞入消化道而感染（图2-3-3）。此外食入或饮入外界被成熟卵囊污染的食物或水也可得到感染。

【流行特点】猫是各种易感动物的主要传染源。6个月以下的猫排卵囊最多。猫粪便中的卵囊可保持感染力达数月之久。卵囊污染饲料、饮水、蔬菜或其他食品并被动物或人摄食时即造成感染。带有速殖子包囊的肉尸、内脏和血液也是重要的传染源。一般情况下经口感染。孕畜或孕妇感染后可以经胎盘传给后代，哺乳期可通过乳汁感染幼畜，输血和脏器移植也可传播本病。食粪甲虫、蟑螂、蝇和蚯蚓可能机械性地传播卵囊。吸血昆虫和蜱等有可能传播本病。实验动物中，小鼠、豚鼠和加土均易感。在自然界，猫科动物和鼠之间的传播循环是重要的天然疫源。猫及其他猫科动物为终末宿主，中间宿主为200种哺乳动物（包括人）和禽类。在自然条件下均可感染本病，其感染率、发病率和死亡率都有逐年上升的趋

图2-3-3 弓形虫生活史示意图

势，对健康危害性严重。弓形体卵囊孵育与气温、湿度有关。故本病常以温暖、潮湿的夏秋季节多发。国内外一些学者在世界各地对家畜血清阳性率调查结果，兔血清抗体阳性率在2%～41%。

【临诊症状】

（1）急性型　主要见于仔兔，突然发病，精神不振，减食或停食，体温高，呼吸快，鼻、眼有浆液性或脓性分泌物，嗜睡，并于几天内出现局部或全身肌肉痉挛的神经症状，有些病例可发生后肢麻痹，通常在发病后2～8天死亡。

（2）慢性型　常见于成年兔或老龄兔，主要表现为减食，消瘦，贫血，病兔出现中枢神经症状，表现为后躯麻痹，怀孕母兔出现流产，病程长，有的病兔突然死亡，多数病兔可康复。

（3）隐性型　部分家兔感染后不表现临诊症状，但血清学检查呈阳性。

【病理变化】

（1）急性型　病变以肺脏、淋巴结、脾脏、肝脏、心脏的坏死为特征，有广泛性的灰色坏死灶及大小不一的出血点（图2-3-4）。肠黏膜出血，有扁豆大小溃疡。胸、腹腔液增多（图2-3-5）。

图2-3-4 弓形虫病急性型死亡病兔的肺脏
有广泛性灰色坏死灶及大小不一的出血点

图2-3-5 弓形虫病兔的胸腔液增多

（2）慢性型　主要表现为内脏器官水肿，有散在的坏死灶。

（3）隐性型　主要表现为中枢神经系统受包囊侵害的病变，可见肉芽肿性脑炎，伴有非化脓性脑膜炎的病变。

【诊断】根据流行特点、临诊表现和病理变化可作出初步诊断，确诊需做涂片镜检、动物接种等实验室检查或血清学诊断。

【防控】

（1）预防　预防重于治疗。

① 兔舍应经常保持清洁卫生，扑灭兔舍内外的鼠类，严格控制猫及其排泄物对兔舍、饲料和饮水等的污染。

② 定期检查兔群，对流产的胎儿及其一切排泄物，包括流产现场均须严格处置，对死于本病和可疑的畜尸按《畜禽病害肉尸及其产品无害化处理规程》（GB 16548—1996）处理，防止污染环境。发病后对兔舍、饲养场用1%来苏儿、3%烧碱液或火焰进行消毒。

③ 弓形虫病是重要的人兽共患病，因此，饲养人员在接触病兔、尸体、生肉时要注意自身防护，严格消毒。

④ 肉要充分煮熟后再利用。

（2）治疗　兔场发生本病时应全面检查，及时确诊。对检出的病兔和隐性感染兔应隔离治疗。治疗本病普遍采用磺胺类药物。使用磺胺类药物首次剂量加倍，与抗菌增效剂联合使用效果更好，一般需要连用3～4天。可选用下列磺胺类药物。

① 磺胺甲氧吡嗪（SMPZ）＋甲氧苄氨嘧啶（TMP）：前者每千克体重30mg，后者每千克体重10mg，混合后一次口服，每天1次，连用3天。

② 12%复方磺胺甲氧吡嗪注射液（SMPZ∶TMP=5∶1），剂量为每千克体重50～60mg，肌内注射，每天1次，连用4天。

③ 磺胺六甲氧嘧啶（SMM，剂量为每千克体重60～100mg口服），或配合甲氧苄氨嘧啶（TMP，剂量为每千克体重14mg）口服，每天1次，连用4天。

④ 磺胺嘧啶（SD）＋甲氧苄氨嘧啶（TMP）：前者每千克体重70mg，后者每千克体重14mg，配合后一次口服，每天2次，连

用3～4天。磺胺嘧啶也可与乙胺嘧啶（剂量为每千克体重6mg）合用。

⑤ 磺胺嘧啶钠注射液，肌内注射，每次0.1g，每天2次，连用3天。

⑥ 蒿甲醚，肌内注射，每千克体重5～15mg，每天1次，连用5天，效果较好。

⑦ 双氢青蒿素片，口服，每千克体重10～15mg，每天1次，连用5～6天。

四、豆状囊尾蚴病

兔豆状囊尾蚴病是由豆状带绦虫的中绦期幼虫——豆状囊尾蚴寄生于兔的肝脏、肠系膜和腹腔内引起的一种寄生虫病。本病呈世界性分布，有的地方发病率还很高，本病使兔生长发育缓慢，饲料报酬降低，严重者可引起死亡，对养兔业危害较大。

【病原及生活史】豆状囊尾蚴呈白色的球形，似黄豆或豌豆样水泡，囊壁透明，囊内充满液体（图2-4-1），其中有一个白色小头节，上有4个吸盘和两圈角质钩。豆状带绦虫寄生于肉食兽（如猫、狗等）的小肠内，成熟绦虫排出含卵节片，兔食入被污染的饲料和水源，在肠道里，六钩蚴从卵中钻出，进入肠壁血流，随血流到达肝脏开始发育，在肝内穿行15～30天后，再从肝脏钻出，进入腹

图2-4-1 呈白色的球形，似黄豆或豌豆样水泡，囊壁透明，囊内充满液体的豆状囊尾蚴

腔，在肠系膜、胃网膜等处生长发育为豆状囊尾蚴。因此，兔为豆状带绦虫的中间宿主，犬、猫和狐狸等野生动物为终末宿主。

【流行特点】成虫寄生于猫、狗、狐狸等肉食兽的小肠中，带有大量虫卵的孕卵节片随其粪便排出体外。家兔主要经消化道感染，即食入了孕节和虫卵污染的饲料和饮水后即可感染本病。卵内的六钩蚴在兔的消化道内孵出，钻入肠壁，随血流至肝脏等部位经15～30天发育成豆状囊尾蚴，使兔出现豆状囊尾蚴病的症状。含有豆状囊尾蚴的动物内脏被猫、狗、狐狸等吞食后，囊尾蚴在其体内发育为成虫，这动物即出现豆状带绦虫病的症状。兔场内饲养有肉食性动物（如猫、狗等）易感。

【临诊症状】家兔轻度感染豆状囊尾蚴病后一般无明显的症状，仅表现为生长发育缓慢，寄生在肠系膜和腹腔时危害较小。感染严重时（囊尾蚴数目达100～200个），寄生在肝脏时，可导致肝功能严重受损，可因急性肝炎而突然死亡。慢性病例主要表现为食欲下降，消化紊乱，不喜活动等；病情进一步恶化时，表现为腹围增大（在胃大弯侧面附近可触摸到数量不等如豌豆大小的圆粒、有弹性），精神不振，嗜睡，食欲减退，逐渐消瘦，后期病兔耳朵、眼结膜苍白，最终因体力衰竭而死亡。豆状囊尾蚴侵入大脑时，可破坏中枢和脑血管，急性发作时可引起病兔突然死亡。

【病理变化】剖检时常在肠系膜、网膜、肝脏表面及肌肉中见到数量不等、大小不一的灰白色葡萄串状透明的囊泡（图2-4-2～图2-4-4）。肝脏肿大，肝实质有幼虫移行的痕迹（图2-4-5）。急性肝炎病兔，肝表面和切面有黑红色或黄白色条纹状病灶（图2-4-6）。病程较长的病例可转为肝硬变。病兔尸体多消瘦，皮下水肿，有大量的黄色腹水。

【诊断】剖检发现豆状囊尾蚴即可做出确诊。生前仅以症状难以做出诊断，可用间接血球凝集试验诊断。

图2-4-2 肠系膜上寄生的豆状囊尾蚴

图2-4-3 网膜上大量寄生的豆状囊尾蚴

图2-4-4 肝脏上面寄生的豆状囊尾蚴

图2-4-5 肝豆状绦虫蚴虫的穿孔道

图2-4-6 兔豆状囊尾蚴病急性肝炎病兔的肝表面和
切面有黄白色条纹状病灶

【防控】

（1）预防

① 兔场内禁止养狗、猫，以防止其粪便污染兔的饲料和饮水。同时也应阻止外来狗、猫等动物等与兔舍接触。

② 对兔尸肉和内脏进行检疫，严禁用含有豆状囊尾蚴的动物脏器和肉喂狗、猫。

③ 犬对、猫定期驱虫，驱虫药可用吡喹酮，用量按动物每千克体重5mg口服，驱虫后对其关养2～3天，收集犬的粪便严格消毒或焚烧。

（2）治疗

① 吡喹酮，皮下注射或口服，每千克体重25mg，每天1次，连用5天。

② 甲苯唑或丙硫苯咪唑，口服，每千克体重35mg，每天1次，连用3天。

五、兔蛲虫病

兔蛲虫病又称兔栓尾线虫病，是由兔栓尾线虫寄生于兔的盲肠和结肠内引起的消化道线虫病。本病呈世界性分布，家兔感染率较高，严重者可引起死亡。

【病原及生活史】栓尾线虫，雄虫长3～5mm、宽330μm，有一根长约13μm的弯曲的交合刺。雌虫长8～12mm，宽550μm，阴门位于前端，肛门后有一细长尾部（图2-5-1）。虫卵的大小为103μm×43μm，卵壳光滑，一端有卵盖，内含8～16个胚细胞或一条蜷曲的幼虫。虫卵排出后不久即达感染期，属直接型。兔吃到感染性虫卵而感染，虫体在盲肠和结肠发育成成虫。自吞入感染性虫卵到发育成为成虫约需56～64天。寿命约为100天。

【流行特点】本病分布广泛，是家兔常见的线虫病。獭兔多发，成虫寄生于獭兔的盲肠、结肠。

图2-5-1 栓尾线虫的形态

【临诊症状】少量感染时，家兔一般不表现临诊症状。严重感染时，由于幼虫在盲肠黏膜隐窝内发育，并以黏膜为食物，可引起肠黏膜损伤，有时发生溃疡和大肠炎症，表现为食欲降低，精神沉郁，被毛粗乱，贫血，进行性消瘦、下痢，严重者衰竭死亡。因肛门有蛲虫活动而发痒，患兔常将头弯向肛门部，用嘴舌啃舔肛门。大量感染后可在患兔的肛门外看到爬出的成虫，也可在排出的粪便中发现虫体。

【病理变化】剖检主要可见盲肠和结肠发生溃疡和炎症，大肠内可发现栓尾线虫。

【诊断】可根据流行特点、临诊症状，检查病兔粪便，查到虫卵即可确诊。对病兔进行剖检，如果在盲肠及大肠内发现虫体也可确诊。

【防控】

（1）预防

① 加强兔舍的卫生管理，经常打扫兔舍及兔场，常清洗消毒笼具，并对粪便进行堆积发酵处理。

② 引进的种兔隔离观察1个月，确认无病方可入群。

③ 定期普查，对流行地区的兔群，每年可用丙硫咪唑或伊维菌素进行2次定期驱虫。

（2）治疗

① 伊维菌素，剂型有粉剂、胶囊和针剂，根据说明使用。

② 丙硫苯咪唑（抗蠕敏），口服，每千克体重10mg，每日1次，连用2天。

③ 左旋咪唑，口服，每千克体重5～10mg，每日1次，连用2天。

六、肝片吸虫病

肝片吸虫病是由肝片吸虫寄生于动物的肝脏胆管中所引起的一种寄生虫病，本虫也可寄生于人体。本虫能引起慢性或急性肝炎和胆管炎，同时伴有全身性中毒现象及营养障碍等症状，危害相当严重。

【病原及生活史】 肝片形吸虫背腹扁平，外观呈柳叶状，活时棕红色，固定后变为灰白色，大小为（21～24）mm×（9～14）mm（图2-6-1）。主体前端为锥状突，呈三角形。口吸盘位于锥状突前端，呈圆形，腹吸盘在其稍后方。雌雄同体，可自体或异体受精。雄性生殖器官具有2个睾丸，前后排列，高度分枝，位于虫体中后部；雌性生殖器官具有1个卵巢，呈鹿角状，位于腹吸盘的右侧。虫卵呈长卵圆形（图2-6-2），黄色或黄褐色。前端较窄，后端较钝，卵壳透明而较薄。卵内充满着卵黄色细胞和1个胚细胞。虫卵大小为（133～157）μm×（74～91）μm。

图2-6-1 肝片形吸虫的成虫形态

图2-6-2 肝片形吸虫的虫卵形态

成虫寄生于动物的肝脏胆管内，产出虫卵随胆汁进入肠腔，经粪便排出体外。虫卵在适宜的条件下（pH 5～7.5，温度15～30℃）经11～12天孵出毛蚴，毛蚴游动于水中，遇到中间宿主淡水螺，即钻入体内。毛蚴在螺体内，经无性繁殖发育为胞蚴、雷蚴和尾蚴几个发育阶段。尾蚴从螺体逸出，游动于水中，约经3～5分钟便脱掉尾部，黏附于水生植物的茎叶上或浮游于水中而形成囊蚴。动物吞食含有囊蚴的水或草而被感染。囊蚴于动物的十二指肠内脱囊而出，童虫穿过肠壁进入腹腔，后经肝包膜钻入肝脏。在肝实质中的童虫，经移行后到达肝脏胆管，发育为成虫。潜隐期约需2～3个月。成虫以红细胞为养料，在动物体内可寄生3～5年（图2-6-3）。

【流行特点】肝片形吸虫系世界性分布，是我国分布最广泛、危害严重的寄生虫之一。本虫的宿主范围较广，除兔外，人、猪、反刍兽及马属动物也可感染。本病的流行与中间宿主淡水螺有极为密切关系，呈地方性流行。多发生在低洼地、湖泊、草滩、沼泽地带。干旱年份流行轻，多雨年份流行重。感染多在每年春末夏秋季节，感染季节决定了发病季节，幼虫引起的疾病多在秋末冬初，成虫引起的疾病多见于冬末和春季。

图2-6-3 肝片吸虫的生活史

【临诊症状】临诊上一般可分为急性和慢性两种病型。

（1）急性型（童虫移行期） 主要由幼虫在肝组织中移行造成的。在短时间内吞食大量囊蚴后2～6周发病。多发生于夏末、秋季及初冬季节。病兔表现为精神沉郁，食欲减退，病初体温升高，喜伏卧，迅速发生贫血，腹痛，腹泻，黄疸，逐渐衰弱，肝区有压痛，并很快死亡。有的因出血性肝炎而死亡。

（2）慢性型（成虫胆管寄生期） 主要由成虫寄生在胆管造成的。感染囊蚴后4～5个月时发生，多见于冬末春初季节。病兔运动无力，被毛松乱、无光泽，消瘦，严重贫血，可视黏膜苍白、结膜黄染；后期严重水肿，特别是眼睑、颌下、胸下水肿尤为明显，消化功能紊乱，腹泻及便秘交替出现，逐渐衰竭死亡。

【病理变化】

（1）急性型　急性死亡的病兔，剖检可见幼虫穿过小肠壁并由腹腔进入肝实质，引起肠壁和肝组织损伤，肝脏肿大，肝脏包膜上纤维沉积、出血、数毫米长的暗红色虫道，虫道有凝固的血液和很小的童虫。幼虫穿行还可引起急性肝炎及内出血，腹腔中有血性液体，出现腹膜炎病变。

（2）慢性型　慢性死亡的病兔，剖检可见寄生的成虫。兔体消瘦，皮下、心冠及肠系膜等处水肿，胆管、肝脏发炎和贫血。早期肝脏肿大，后期萎缩硬化。有较多虫体寄生时，可见胆管扩张、胆管壁增厚、变粗甚至堵塞，胆汁郁滞而出现黄疸。胆管呈绳索状突出于肝脏表面（图2-6-4），管内壁有磷酸钙、磷酸镁等盐类沉积，使胆管内膜变得粗糙，内有虫体及污浊稠厚、棕绿色的液体。

图2-6-4　肝脏表面突出的绳索状胆管

【诊断】根据流行特点、临诊症状的资料，粪便检查，发现虫卵和死后剖检发现虫体等，进行综合诊断。粪便检查虫卵，可用水洗沉淀法，或锦纶筛集卵法，虫卵易于识别。

【防控】

（1）预防　根据流行特点，采取综合预防措施。

① 定期驱虫。驱虫的时间和次数，可根据流行地区的具体情况而定。在我国北方，一般每年两次驱虫，一次在冬季，另一次在春季。急性病例随时驱虫。驱虫后的粪便应堆积发酵以杀灭虫卵。

② 防控和消灭中间宿主——淡水螺。消灭中间宿主可结合水土改造，以破坏螺的生活条件；流行地区应用药物灭螺时，可选用 1：5000 的硫酸铜溶液或 0.00025% 的血防 67 对椎实螺进行浸杀或喷杀。

③ 加强饲养卫生管理。不喂水草或沟、塘、河边的草；水生植物最好用发酵的方法杀灭囊蚴后再饲喂家兔；饮水最好用自来水、井水或流动的河水，保持水源清洁；从流行区运来的牧草须经处理后，再喂兔。

（2）治疗　治疗肝片吸虫病时，不仅要进行驱虫，而且应该注意对症治疗。驱虫的药物较多，各地可根据药源和具体情况加以选用。

① 硝氯酚（拜耳 9015），具有疗效高、毒性小、用量少等特点，肌内注射，每千克体重 1～2mg；或口服，每千克体重 3～5mg，3 天后再服 1 次。

② 三氯苯唑（肝蛭净），口服，每千克体重每次 10～12mg，对成虫和童虫均有效。对急性肝片吸虫病的治疗，5 周后应重复用药一次。为了扩大抗虫谱，可与左旋咪唑、甲噻吩嘧啶联合应用。

③ 阿苯达唑（丙硫苯咪唑、丙硫咪唑、抗蠕敏），口服，每千克体重 20mg，每天 1 次，连用 3 天。该药为广谱驱虫药，也可用于驱除胃肠道线虫和肺线虫及绦虫，剂型一般有片剂、混悬液、瘤胃控释剂和大丸剂等。

④ 双酰胺氧醚 10% 混悬液，口服，每次每千克体重 100mg。

七、兔虱病

兔虱病是由兔虱寄生于兔体表所引起的慢性外寄生虫病。

【病原及生活史】舍饲家兔虱病病原一般为兔嗜血虱（图 2-7-1），

图2-7-1 兔嗜血虱的形态

成虫长 1.2 ～ 1mm，背腹扁平，灰黑色，有3对粗短的足。圆筒形的卵黏着在兔根部，经8 ～ 10天孵化出幼虫。幼虫在2 ～ 3周内经3次蜕皮发育为成虫。雌虫交配后1 ～ 2日开始产卵，可持续产卵40天。

【流行特点】本病主要通过接触传播，也可通过笼舍和用具传播。在环境卫生工作较差的兔场，一旦兔虱通过病兔或其他途径带入，则会迅速蔓延，尤以秋冬季最易发病。在阴暗、潮湿、污秽的环境中，兔容易发生兔虱。营养不良或患其他疾病时，更容易发病。

【临诊症状】每只虱每日可吸血0.2 ～ 0.6mL，大量寄生时，引起兔贫血、消瘦，幼兔发育不良。同时在吸血时，可分泌带有毒素的唾液，刺激兔皮肤的神经末梢，引起瘙痒、不安，影响休息与采食。病兔的啃咬、擦痒造成皮肤损伤，可出现血液和炎性液体溢出，形成硬痂（图2-7-2），因而易脱毛、脱皮、皮肤增厚和发生炎症等。有时可继发细菌感染，引发化脓性皮炎，并降低毛皮质量。其危害十分严重。拨开兔子患部的被毛，检查其皮肤表面和绒毛的下半部，可找到很小的黑色虱（图2-7-3），在兔绒毛的基部可找到淡黄色的虱卵。

图2-7-2 患兔虱病兔造成的皮肤损失和形成的硬痂

虱子

图2-7-3 皮肤上的虱子

【诊断】诊断比较容易，兔有瘙痒症状，检查体表找到虱或虱卵即可确诊。

【防控】

（1）预防　引兔时务必隔离观察，防止将虱病引入兔场。定期检查，发现病兔立即隔离治疗。兔舍要保持清洁卫生和干燥。笼舍每隔一定时间用2%的敌百虫溶液消毒1次，或将苦楝树叶放在笼内以驱除兔虱。

（2）治疗　阿维菌素或伊维菌素系列产品，口服或皮下注射，每次每千克体重按有效成分0.2～0.4mg；重症的可间隔一周重复应用。或取中药百部根1份、水7份，煮沸20分钟，冷却到30℃时用棉花蘸水，在兔体上涂擦。也可用2%的敌百虫溶液喷洒兔体，或将5%的滴滴涕粉剂搓在患兔的被毛上。或用0.003%蝇毒磷或20%杀灭菊酯溶液作5000倍稀释，涂擦兔体患部。

八、兔脑炎原虫病

兔脑炎原虫病是由兔脑炎原虫引起，一般为慢性或隐性感染，常无症状。有时见脑炎和肾炎症状。

【病原及生活史】兔脑炎原虫在分类上属微孢子虫纲、微孢子虫目、微粒子虫科。成熟的孢子大小为2.5μm×1.5μm，呈杆状，两端钝圆，或呈卵圆形。核致密，形圆或卵圆，偏于虫体一端。在神经细胞、内皮细胞、巨噬细胞和其他组织细胞内，可发现无囊壁虫体假囊（虫体集落），其中可含100个以上的虫体。假囊和虫体也见于细胞外。孢子可用姬姆萨氏、革兰氏、郭氏石炭酸品红染色。

【流行特点】本病广泛分布于世界各地。病兔的尿液中含有兔脑炎原虫，消化道是主要感染途径，经胎盘也可传染。发病率为15%～76%。秋、冬季节多发，各年龄兔均可感染发病。当运输、气候变化或使用免疫抑制剂时可出现临诊症状。

【临诊症状】本病一般为慢性或隐性感染，常无症状，有时见脑炎和肾炎症状，如惊厥、颤抖、斜颈（图2-8-1）、麻痹、昏迷、平衡失调及腹泻、蛋白尿等。病的末期出现腹泻，后肢的被毛常被污染，引起局部湿疹，在3～5天内死亡。

【病理变化】病变特征为肉芽肿性脑炎和肉芽肿性肾炎。脑上分布有不规则的肉芽肿病灶，中心发生坏死，有多量脑炎原虫，外围是淋巴细胞、浆细胞和胶质细胞。非化脓性脑炎，特别是脑损害相邻区域的非化脓性脑膜炎是本病的特征之一。在肾脏表面密布针尖大的白色小点，或有灰色小凹陷。如肾脏受害严重，则表面呈颗粒状或高低不平（图2-8-2）。组织上主要为间质性肾炎、纤维化和小肉芽肿（由淋巴细胞与浆细胞组成）。肾中的虫体位于髓质部的肾小管上皮细胞内或游离于管腔中。

图2-8-1 兔脑炎原虫病引起的歪颈

图2-8-2 兔脑炎原虫病兔在肾脏表面密布针尖大的
白色小点，灰色小凹陷，表面高低不平

【诊断】由于本病无特征性临诊症状，故只能根据病理变化做出大致诊断。用病理组组学方法，在肾脏发现肉芽肿肾炎和在脑发现肉芽肿性脑炎，并在病变部位找到虫体，即可确诊为脑炎原虫病。

【防控】目前尚无有效的治疗药物。有人用烟曲霉素治疗有效。一般采取淘汰病兔、加强防疫和改善卫生条件有利于本病的预防。

九、肝毛细线虫病

【病原及生活史】肝毛细线虫属于毛细科，毛线属。成虫虫体非常纤细，白色（图2-9-1）。雌虫长53～78mm，尾端呈钝锥形，雄虫长为24～37mm，尾端有1突出的交合刺被鞘膜所包裹；食道占体长的1/2（雄虫）和1/3（雌虫）。虫卵椭圆形，两端具有塞状物，大小为（63～68）μm×（30～33）μm（图2-9-2）。成熟的雌、雄虫在宿主肝脏内产卵，虫滞留在肝脏中。仅有少数的虫卵可通过损伤的胆管随胆汁进入肠中，随粪便排出。含有虫卵的肝脏被另一动物吞食后，肝脏被消化，虫卵随粪排出。或者宿主尸体烂后，虫卵自肝脏散出。虫卵污染饲料和饮水，被兔等动物吞食，卵壳在肠内被消化，幼虫钻入肠壁，随血流入肝，发育为成虫。

图2-9-1 肝毛细线虫成虫

图2-9-2 肝毛细线虫虫卵

图2-9-3 肝脏上黄色条纹状或斑点状结节，呈绳索状

【临诊症状】病兔生前无明显的症状，仅表现为消瘦，食欲降低，精神沉郁。

【病理变化】病兔死后，可发现肝脏肿大，肝脏表面和实质中有纤维性结缔组织增生，肝脏有黄色条纹状或斑点状结节，有的为绳索状（图2-9-3）。结节周围肝周围组织可出现坏死灶。

【诊断】病兔生前诊断困难，只能通过尸检在肝脏内发现虫卵才能确诊。

【防控】消灭老鼠，同时避免老鼠污染饲料和饮水。治疗可用甲苯咪唑，口服，每千克体重100～200mg，每天1次，连用4天。或丙硫苯咪唑，口服，每千克体重15～20mg，每天1次，连用3天。

第三章

内 科 病

一、口腔炎

口腔炎是口腔黏膜炎症的总称，是口腔黏膜表层和深层组织的炎症，又称口疮。临诊上以流涎及口腔黏膜潮红、肿胀、水泡为特征。

【发病原因】机械性刺激是口腔炎发生的重要原因。如硬质和棘刺饲料、尖锐牙齿、异物（钉子、铁丝等）都能直接损伤口腔黏膜，继而引起炎症反应。其次是化学因素，如采食霉败饲料，误食生石灰、氨水等，均可引起口腔炎。另外，口腔炎还可继发于舌伤、咽炎、喉炎、急性胃卡他等邻近器官的炎症。

【临诊症状】若口腔炎是由粗硬饲料损伤所致，则兔群里有许多只发病。口腔黏膜发炎疼痛，食欲减退。有的家兔虽处于饥饿状态，主动奔向饲料放置处，但当咀嚼出现疼痛时，便立即退缩回去。患兔大量流涎，并常黏附在被毛上（图3-1-1）。口腔黏膜潮红、肿胀（图3-1-2），甚至损伤或溃疡（图3-1-3）。若为水泡性口炎，口腔黏膜可出现散在的细小水泡，水泡破溃后可发生糜烂和坏死，此时流出不洁净并有臭味的唾液（图3-1-4），有时混有血液。

【防控】

（1）预防　平时要防止口腔黏膜的机械损伤，禁喂粗硬带刺的或变质的饲料，注意及时清除口腔异物，修整锐齿。经口投药，避免用刺激性的药物，同时还要避免其他化学因素的刺激。加强饲养

图3-1-1 口腔炎病兔大量流涎，黏附于被毛

图3-1-2 口腔炎病兔口腔黏膜潮红、肿胀

图3-1-3 口腔炎病兔口腔黏膜溃疡

图3-1-4 患水泡性口炎病兔口中流出不洁净并
有臭味的唾液，弄湿口腔周围被毛

管理，饲养人员要仔细观察，提高警惕。

（2）治疗 根据炎症的变化，选用适当的药液冲洗口腔。一般用1%食盐水或2%硼酸溶液或0.1%雷佛奴耳溶液或1%双氧水或5%明矾水或1%的高锰酸钾溶液冲洗，每天冲洗2～3次。冲洗时，兔的头部要放低，便于洗涤药液流出，若头部抬得过高，冲洗药液容易误入气管，而引起异物性肺炎。口腔黏膜溃烂或溃疡时，口腔洗涤后溃烂面涂10%磺胺甘油乳剂或1∶9碘甘油，每日2次。出现全身症状的患兔，应及时应用抗生素，如青霉素每千克体重1万单位、链霉素每千克体重2万单位，每8～12小时肌内注射1次。也可采用内服磺胺类药物治疗。可用青黛、黄连、黄檗、薄荷、桔梗、儿茶各等份，磨粉过80目筛后，喷洒于口腔内。给病兔饲喂营养丰富、容易消化的柔软饲料，以减少对口腔的刺激，同时给予清洁的饮水。

二、便秘

便秘是由于各种原因引起的肠内容物停滞、变干、变硬，致使排粪困难，严重时可造成肠阻塞的一种腹痛性疾病。以幼兔、老龄兔多见。

【发病原因】主要是饲养管理不当所致。喂料过多而又缺乏饮水，缺乏运动，特别是饱食后运动不足，青饲料占比例太少或缺乏，饲草质量低劣，饲草中含过多泥沙，精料过多及热性病等，都会使胃肠蠕动机能减弱，胃肠分泌液减少，粪便在肠道内停留过久而变得干硬，进而阻塞。毛球病等也可使肠道发生阻塞性便秘。

【临诊症状】食欲减少，排粪困难，粪球小、干硬，粪粒两头尖（图3-2-1），甚至有的频做排粪姿势，但无粪排出，触诊腹部，内容物坚硬似腊肠或念珠状。

【病理变化】剖检死兔可见盲肠和结肠内充满干硬颗粒状粪便（图3-2-2）。

【防控】

（1）预防　加强饲养管理，合理搭配饲料，定时定量，防止饥饱不均，供给充足的饮水，适当运动，积极治疗原发病的热性病，同时配合饲喂青绿多汁饲料可有效防止本病发生。

图3-2-1 便秘兔粪便的形状

图3-2-2 便秘兔结肠内干硬颗粒状粪便

（2）治疗 对病兔治疗期间要绝食，但要给予充足的饮水。成年兔用人工盐10～15g或硫酸钠（硫酸镁）2～8g，加温水适量1次灌服，幼兔可减半灌服。或用液体石蜡或食用油，成年兔10～20mL，幼兔5～10mL，加等量温水1次灌服，必要时可用温水或温的口服补液盐（ORS，其配方为：氯化钠3.5g、碳酸氢钠2.5g、氯化钾1.5g，葡萄糖20g，兑凉开水1000mL）灌肠，促进粪便排出；先让兔子侧卧，固定好位置，用一根细橡皮管（如人用的导尿管），前端涂上凡士林，缓缓插入肛门，接上吸有药物的注射器，注入直肠内。也可用温肥皂水30～40mL灌肠。

三、积食

积食又称胃扩张。一般2～6月龄的幼兔容易发生。

【发病原因】多由于饲养管理不当，没有定时、定量饲喂，换料过快或突然给予多汁、适口性好的饲料，饲喂含露水的豆科饲料，饲喂较难消化的玉米、小麦等，喂以腐败和冰冻饲料均可发生本病。

【临诊症状】病兔表现伏卧不动或不安、胃膨大（图3-3-1）、流涎、呼吸困难、表现痛苦、眼半闭或睁大、磨牙、四肢集于腹下、时常改变蹲伏位置。触诊腹部，可以感到胃体积明显膨大（图3-3-2），如果胃继续扩张，最后导致胃破裂死亡。

【防控】

（1）预防 饲喂要定时定量，切勿饥饱不均。幼兔断奶不宜过早。更换干、青饲料时要逐渐过渡。禁止喂雨淋、带露水的饲料。禁止饲喂腐败、冰冻饲料，少喂难消化的饲料。

图3-3-1 兔胃部积食（红色箭头标注的是胃）

图3-3-2 兔膨大的胃

（2）治疗　立即停止饲喂，灌服石蜡油或植物油10～20mL，萝卜汁10～20mL，食醋10～20mL，服药后，人工按摩病兔腹部，增加运动，使内容物软化后移。必要时可皮下注射新斯的明0.1～0.25mg（注意怀孕母兔慎用）。

四、毛球病

毛球病是一种比较常见的家兔代谢病，多由食入过多的兔毛，兔毛在胃内与胃内容物混绕形成毛球混合物，滞留在胃肠内，越积越大，阻塞胃肠道而发病。

【发病原因】家兔饲料配比不合理、营养不全，如缺乏粗纤维、矿物质元素（如钙、磷等）及维生素或含硫氨基酸等；或某些体外寄生虫病引起家兔奇痒，相互之间咬食胸部、背部、臀部、尾部等处被毛，造成食毛现象严重；饲养密度过大，兔笼狭小，相邻兔笼隔网孔隙太大、无间距或无隔板等；未能及时清除掉在料盆、水盆中和垫草上的兔毛，被家兔误食。1～3月龄幼兔多发。秋、冬或冬、春季节交替时多发。

【临诊症状】病兔表现舔毛、食毛，食毛症状有自食、吃他兔或互食等几种。而后出现食欲不振，好卧，喜饮水，大便秘结，粪便中带毛（图3-4-1）。触诊时能感觉到胃内或肠内有块状毛球，胃体积膨大。当毛和饲料纤维缠结在一起、毛球过大时，阻塞肠道，引起肚痛，造成死亡。

【病理变化】剖检见胃内容物混有毛及异物（图3-4-2）或形成毛球（图3-4-3），有时因毛球阻塞而出现肠内空虚现象，或毛球阻塞肠而发生腹痛和阻塞部位前端臌气。

【防控】

（1）预防　保证供给全价日粮，增加矿物质和富含维生素的青饲料，补充含蛋氨酸、胱氨酸较多的饲料。及时治疗家兔皮肤病，经常清理兔笼或兔舍，及时清理掉在饮水盆和垫草上的兔毛，饲养

图3-4-1　毛球病病兔所排带毛的粪便（1，2，3）

图3-4-2　兔毛球症胃内毛及
其他异物

图3-4-3　兔毛球症胃
内形成的毛球

密度要适当，防止发生拥挤，加密相邻兔笼隔网，用双层网隔开2～3cm间距或加隔板。

（2）治疗　病情轻者，多喂青绿多汁饲料，多运动即可治愈。病情重者，可灌服植物油或石蜡油10～20mL，软化毛球，然后让家兔运动，同时用手按摩胃肠；或口服多酶片，每日1次，每次4片，也可用肥皂水灌肠，每日3次，每次50～100mL，利于毛球排出。毛球排出后，应给予易消化的饲料，口服健胃药如酵母、大黄苏打片等，促进胃肠功能恢复。此外还可口服阿托品0.1g，同时配合腹外按摩挤压，促进毛团破碎而排泄。对有食毛症的家兔还要将食毛兔隔离饲养，其饲料中添加1.5%硫酸钙和0.2%的胱氨酸＋蛋氨酸（或1%的毛发粉）。上述治疗措施无效者，应立即进行手术取出阻塞物（图3-4-4）或淘汰。

图3-4-4　兔毛球症手术取出阻塞物

五、胃肠炎

胃肠炎是胃肠表层黏膜及其深层组织炎症过程。不同年龄的兔均可发生，但幼兔发病后死亡率高。

【发病原因】原发性胃肠炎主要是由于饲养管理不当，饲草不洁的情况下发生。特别是梅雨季节，兔舍潮湿，饲草被泥土沾污，饲草水分过多，往往引起胃肠炎的发生。断奶不久的幼兔，往往体质较差，常因贪食过多而引起胃肠炎的发生。此外，采食腐败的饲料、有毒植物、沾污有农药的饲草，以及饲料异常分解产物的刺激，在机体抵抗力降低的条件下，加上某些非特异性病原微生物的参与，破坏胃壁肠壁深层组织，出现全身症状和自体中毒现象，引起中毒性胃肠炎。继发性胃肠炎见于积食、肠臌气、出血性败血症、沙门氏菌病、大肠杆菌病及球虫病等。

【临诊症状】病初，仅表现食欲减退，消化不良及粪便带黏液。随着炎症的加剧，出现胃肠炎的主要症状腹泻。先便秘，后腹泻，肠音增强，粪便恶臭混有黏液（图3-5-1）、组织碎片及未消化的饲料（图3-5-2），有时混有血液（图3-5-3）。肛门沾有污粪（图3-5-4），尿呈酸性、乳白色。当严重脱水时，病兔被毛逆立无光泽，腹痛、不安，出现全身肌肉抽搐、痉挛或昏迷等神经症状。若不及时治疗则很快死亡。

【防控】

（1）预防　加强饲养管理，保证供给全价日粮，严禁饲喂腐败变质饲料。根据气候情况，合理饲喂青绿饲料，保持兔舍清洁干燥。对断奶不久的仔兔，一方面定时定量给予优质饲料，饲料中添

图3-5-1 胃肠炎病兔排出的混有黏液的恶臭粪便

图3-5-2 胃肠炎病兔排出的混有组织碎片等的粪便

图3-5-3 胃肠炎病兔排出的混有血液的粪便

图3-5-4 胃肠炎病兔的肛门沾有粪便

加复合酶等助消化药物，饮水中加入微生态制剂对本病有良好的预防效果。另一方面还可适当给予抗生素等药物进行预防。注意抗生素不能与微生态制剂同时应用。

（2）治疗 通过口服补液盐补充肠炎引起的脱水。内服链霉素粉（每千克体重10～20mg）或新霉素（每千克体重25mg）。投服药用炭悬浮液或内服磺胺脒和小苏打，每次各0.25～1.0g，每日3次。或内服土霉素粉，每次0.1～0.25g，每天3次；或内服黄连素0.05g，每天2次。或大蒜酊（制法：是把20g大蒜捣汁浸泡在100mL酒中，泡7天，服前用4倍水稀释）5mL，一次内服。严重者耳静脉注射或腹腔注射糖盐水50～100mL，并配合四环素0.125g，皮下注射维生素C，增强病兔抵抗力，防止脱水。另外中药方剂有郁金散或白头翁汤等有较好的治疗效果。使用微生态制剂饮水也有较好效果。

六、胃肠臌胀

胃肠臌胀俗称胀肚，是家兔常见的一种疾病，多发生于断奶后至6月龄，特别是刚断奶的幼兔最易发病，并易造成死亡。

【发病原因】主要因采食了多量容易发酵的饲料，冰冻的饲料，有露水、雨水的青草，以及品质不良的青贮饲料等，使胃肠道内食物或食糜异常发酵、产气而引起臌胀；突然更换饲料，贪食某种草料，过食大量精料或吸水性强的干粒料，在胃肠道吸水后急剧膨胀，造成积食性臌胀；也可继发于毛球病、便秘等阻塞病例。寒冷、潮湿、阳光不足、饮冰水等是本病的诱因。

【临诊症状】家兔表现食欲废绝，腹部渐渐膨大，有的形似圆球状，像绷紧的鼓皮（图3-6-1），叩诊呈鼓音。行走困难，少动或

图3-6-1　胃肠臌胀病兔腹部膨大、圆球状，似绷紧的鼓皮

不动。触诊，腹内有大量气体（图3-6-2），积食性膨胀则感到胃及肠道内有大量充实的食物（图3-6-3）；有的有腹痛，鸣叫，呻吟，呼吸困难，心搏加快，可视黏膜潮红，继而发绀，严重者死亡。

图3-6-2 胃肠臌胀病兔的肠管充满大量气体

图3-6-3 积食性胃肠臌胀病兔的胃内充满大量食物

【防控】

（1）预防　加强饲养管理，不喂过多的易发酵、易膨胀的饲料，不喂霉败变质或冰冻饲料；更换饲料要有过渡，限制精料喂量，干湿精料可拌湿后喂，带露水、雨水的青草要适当晾干后饲喂。控制肠便秘等阻塞疾病的发生。

（2）治疗　病兔停止饲喂。先穿刺放气，后灌服大黄苏打片 2～4 片，制霉菌素 5 万单位预防霉菌性肠炎的发生，每天 3 次，连用 2～3 天。病情较稳定患兔，可内服适量植物油或液体石蜡 10～20mL，应用止酵药，大蒜（捣烂）6～10g，醋 15～30mL，一次内服，既能疏通肠道，又对泡沫性臌气有效。或醋 20～30mL 内服；或姜酊 2mL，大黄酊 1mL，加温水适量内服。对轻微病例可辅助性按摩腹壁，兴奋胃肠活动，必要时可皮下注射新斯的明 0.1～0.2mg，排出气体。便秘性臌气，可用硫酸镁 5～10g，液体石蜡 10mL，一次灌服。治疗时为缓解心肺功能障碍，可肌内注射 10% 安钠咖注射液 0.5mL，为防止本病复发，患兔还需隔一段时间喂料，可先喂易消化的干草，再逐步过渡到正常饲料。

七、消化不良

消化不良是消化机能障碍的统称，可发生于各年龄段的家兔，是家兔的常见病之一。

【发病原因】消化不良常因突然更换适口性强的饲料，一次贪食过量引起。潮湿和饲料品种低劣也可引发本病。仔兔消化功能还不健全，易发生消化不良。妊娠母兔饲养不良，产后缺乏优质饲料，或母兔患有乳房炎等慢性疾病时，严重影响乳汁的质量和数量，仔兔未能及时哺食初乳，影响仔兔的胃肠黏膜活动。幼兔的饲养管理及护理不当也可引起消化不良。

【临诊症状】病兔精神不振，消瘦，皮干毛乱，眼球下陷，尾根、肛门部被粪便污染，粪便成条形（图 3-7-1、图 3-7-2）或成锥状（图 3-7-3），有难闻的酸臭味。病仔兔不喜运动，腹泻，有时肛门和尾部沾满稀薄粪便，粪中混有未消化的凝乳块或饲料碎片（图3-7-4）。长期消化不良，严重的站立不稳，出现神经症状，最后导致死亡。

图3-7-1 消化不良病兔排的条形粪便（一）

图3-7-2 消化不良病兔排的条形粪便（二）

图3-7-3 消化不良病兔排的成锥状的粪便

图3-7-4 消化不良病兔排的混有未消化凝乳块或饲料碎片的粪便

【防控】

（1）预防 饲喂要定时定量，切忌喂给霉变变质饲料和饲草，改善兔舍环境。对妊娠母兔，特别是妊娠后期，应该喂富含蛋白、脂肪、矿物质及维生素的优质饲料。新生仔兔尽早吮食初乳，兔舍保持干燥、清洁，定期消毒，防止幼兔感冒，仔兔饲料中添加复合酶等助消化药物可减少消化不良的发生。发现病兔禁食一天，但不限饮水。

（2）治疗　对病兔先禁食24小时，给予充足饮水。可选用大黄苏打片或龙胆苏打片内服，每次1～1.5片，每天2～3次；或鸡内金半片，每天2～3次。饲料中添加复合酶等助消化药物，也可内服酵母片、麦芽粉等。注意麦芽粉有回乳作用，泌乳母兔慎用。对于幼、仔兔，重症者可内服缓泻剂，如芒硝2～3g。饲喂适口性好、提味的饲料。大黄末内服或拌在饲料中。为防止肠内容物发酵，可用磺胺类药和抗生素。防止机体脱水，可静脉注射生理盐水10～15mL。

八、腹泻

腹泻不是独立性疾病，是泛指临诊上具有腹泻症状的疾病。主要表现是粪便不成球，稀软，呈粥状或水样。

【发病原因】引起腹泻的原因很多，主要有以下几种。

（1）以消化障碍为主的疾病　如消化不良、胃肠炎等。

（2）某些传染病　如轮状病毒病、大肠杆菌病、魏氏梭菌病、沙门氏菌病、泰泽氏菌病、肠结核等。

（3）一些寄生虫病　如球虫病、线虫病等。

（4）中毒性疾病　如有机磷中毒等。

后三种情况除腹泻症状之外，还有各自疾病的固有症状。这里只介绍引起腹泻的胃肠道疾病。

与饲料品质不良和饲养管理不当有关的腹泻，归纳起来有以下几个方面：饲料配方不合理，如精料比例过高；饲料不清洁，混有泥沙、污物等，或饲料发霉、腐败变质；饲料含水量过多，或吃了大量的冰冻饲料；饮水不卫生，或夏季不经常清洗饲槽、不及时清理饮水管内污物，不及时清除料槽内残存饲料，以至酸败而致病；突然更换饲料，家兔不适应，特别是断乳的幼兔更易发病。兔舍潮湿，温度低，家兔腹部着凉；口腔及牙齿疾病，也可引起消化障碍而发生腹泻。

【临诊症状】病兔精神不振，常蹲于角落，食欲不振，甚至废绝。粪便较软或稀薄，严重者成稀糊状（图3-8-1）或水样（图3-8-2），有臭味，有的带有气泡及黏液，重者可出现血便（图3-8-3）。有时腹部臌气，腹围增大。随腹泻程度不同出现程度不同的消瘦，被毛粗乱无光泽，黏膜发绀或黄染，腹泻严重者出现脱水，眼球下陷，皮肤弹性差，拉起后不易恢复原形，喜饮水，处理不及时会引起迅速衰竭死亡（图3-8-4）。

图3-8-1 稀糊状粪便

图3-8-2 水样粪便

图3-8-3 混有血液的粪便

图3-8-4 腹泻衰竭死亡兔

【防控】

（1）预防　加强饲养管理，定时定量饲喂，注意饲料品质，不喂霉变、冰冻饲料，饮水要清洁，变换饲料要逐步进行。兔舍要保温、通风、干燥和卫生，做到定期驱虫，及早治疗原发病。

（2）治疗　发现病兔应及时祛除病因，移至干燥处护理，少喂或停喂，供给充足的清洁温水，必要时可饮0.9%生理盐水或5%葡萄糖氯化钠溶液；投喂抗菌药物，如磺胺脒（口服，每千克体重首次量0.3g，维持量0.1～0.2g；或磺胺二甲基嘧啶，每千克体重0.05～0.08g，每天3次，连用3～5天）、环丙沙星（每只兔1～2g，每天2次，连用3～5天）、链霉素（肌内注射，每千克体重2万单位；内服每只0.1～0.5g，每天2～3次，连用3～5天）等。腹泻严重者可投服鞣酸蛋白0.25g、小苏打0.5g；脱水严重时可腹腔注射或静脉注射5%葡萄糖氯化钠注射液或林格氏液及其他支持性药物，或让病兔自由饮用口服补液盐等；恢复期可使用健胃助消化药，如人工盐0.5g、酵母片1～2片、大黄苏打片1片，投服或拌料。幼兔用量可减半。

九、感冒

感冒是以发热和上呼吸道卡他性炎症为主的一种全身性疾病。易继发气管炎和肺炎，是家兔"吹鼻子"的主要原因。

【发病原因】本病多发于早春、晚秋季节及冬季。多因气候骤变，气温突然降低、昼夜温差过大等原因造成。兔舍保温不好、潮湿、通风不良、氨气浓度过大、贼风侵袭、过度拥挤、剪毛后受凉而发生感冒。

【临诊症状】本病以发病急、发热为主要特征。病兔病初表现精神不振，食欲下降或不食，不爱运动，眼半闭，常卧在某一角落，流泪，眼结膜潮红（图3-9-1）。有时咳嗽，打喷嚏，流出水样鼻液（图3-9-2）。严重病例食欲废绝，体弱无力，呼吸迫促，体温明显升高达40℃以上。体质好的家兔3～5天能自愈。若不及时诊治，部分可转化为支气管肺炎等。

图3-9-1 感冒兔眼结膜潮红

图3-9-2 感冒兔打喷嚏并流出水样鼻液

【防控】

（1）预防　加强饲养管理，在气候寒冷和气温变化明显的季节加强防寒保暖工作。冬季兔舍特别注意保暖，防止贼风侵袭。剪毛要选择天气晴朗温和时进行。保持兔舍清洁、干燥、通风。在感冒流行时间，注意药物预防。

（2）治疗 对家兔应加强护理与保暖，同时做以下治疗。青霉素、链霉素各10万～20万单位、安痛定注射液1～2mL，肌内注射，每日2次，连用3天。或柴胡注射液1～2mL，庆大霉素注射液4万单位，肌内注射，每日2次，连用3天。或庆大霉素注射液4万单位、20%磺胺嘧啶钠注射液2mL、安痛定注射液1～2mL，肌内注射，每日1次，连用2～3天。或卡那霉素20万单位，肌内注射，每天2次，连用2～3天。病轻者可内服阿司匹林片，每日3次，每次成年兔0.5～1片，幼兔酌减；或内服安乃近片，每次半片，每天2次，同时，用滴鼻净滴鼻。还可选用中药桑菊感冒片或银翘解毒片。如果感冒由病毒引起，带有流感性质，应迅速隔离、消毒，防止蔓延全场，立即采取最佳治疗方案，减少损失。

十、肺　炎

肺炎是肺实质的炎症，常伴有细支气管的炎症。临诊上可分为小叶性肺炎（也叫支气管肺炎或卡他性肺炎）、大叶性肺炎（又名纤维素性肺炎或格鲁布性肺炎）、吸入性肺炎（也叫异物性肺炎，严重的称之为坏疽性肺炎或肺坏疽）和霉菌性肺炎。本病的发生没有年龄限制，常见于老龄兔和幼兔，多发生于早春和晚秋天气骤变时节。

【发病原因】本病多由病原菌感染引起，常由于感冒、气管炎或鼻炎继发引起。常见的病原菌有多杀性巴氏杆菌、支气管败血波氏杆菌、金黄色葡萄球菌、溶血性链球菌、肺炎双球菌、铜绿假单胞菌、肺炎克雷伯氏菌和大肠杆菌等。家兔感冒或抵抗力低下时感染，引发肺炎。仔兔吮奶时奶汁呛入肺内、误咽或灌药时误入气管，可引起异物性肺炎。兔舍寒冷、潮湿、光照不足、通风不良，经常蓄积有害的气体（如氨气、硫化氢等），密集管理、兔舍过热，受贼风侵袭，导致肺炎发生。采食霉败饲料有时可引起霉菌性肺炎。

【临诊症状】急性肺炎病兔常表现为精神萎靡，食欲减退，废绝。结膜充血，后发绀，体温升高，心律不齐。呼吸困难，呈腹式呼吸。病初干咳，后变为湿咳，由于支气管黏膜充血肿胀，分泌增加，使管腔变窄，呼吸极度困难（图3-10-1）。鼻液初期是浆液性的，后变为黏稠脓性（图3-10-2、图3-10-3）。胸部听诊肺部呼吸音强，有干、湿啰音。胸部叩诊呈浊音。常呈败血症经过而突然死亡。慢性肺炎病兔主要表现为连续长时间咳嗽，在运动采食或气温较低时（早、晚、夜）尤其严重。如同时有其他呼吸道疾病存在，则症状复杂而严重。

【病理变化】病理变化主要见于肺的前下部。根据病程及严重程度的不同而表现为肺实变（图3-10-4）、肺膨胀不全、灰白色小结节（图3-10-5）、肺脓肿（图3-10-6）等。肺实质可能出现出血性变化，胸膜、肺脏、心包膜上有纤维素絮片。也有的病兔胸腔内充满混浊的胸水。严重时，可见由纤维组织包围的脓肿。病程的后期常表现为脓肿或整个肺叶的空洞。

【防控】

（1）预防　平时加强兔舍的保暖，在保温的同时要注意通风换气，保持舍内阳光充足，空气清新，防止受寒及贼风侵袭。加强饲

图3-10-1 肺炎病兔表现
极度呼吸困难

图3-10-2 肺炎病兔后期变为
黏稠脓性鼻液

养管理，饲喂营养丰富、易消化、适口性好的饲料，增强机体体质和抗病力。灌药时小心，防止发生异物性肺炎。不喂霉败饲料，防止发生霉菌性肺炎。及时防治感冒。

（2）治疗 可内服阿司匹林片（或复方阿司匹林）或氨基比林片，每日2次，每次成年兔0.5～1片，幼兔酌减。同时配合肌内注射青霉素和链霉素、庆大霉素、卡那霉素或磺胺类药物，用法用

图3-10-3 肺炎病兔的脓性鼻涕　　图3-10-4 肺脏的实变病灶

图3-10-5 肺脏的灰白色小结节　　图3-10-6 肺脏的脓肿

量同感冒。或内服磺胺噻唑0.2～0.3g，每天3次，最好与等量小苏打同服。还可用0.1%高锰酸钾溶液或2%～3%硼酸水洗鼻腔。持续咳嗽且分泌物少，可选用镇痛止咳剂，如内服咳必清，每次12～22mg，每日3次，连用3天。对于特别严重的无治疗价值的就淘汰。

十一、肾炎

肾炎是指肾小球、肾小管或肾间质组织发生炎症性病理变化的统称。主要临诊特征是肾区敏感和疼痛，尿少，尿液含有病理产物等综合症状。以急性肾炎、慢性肾炎及间质肾炎多发。

【发病原因】本病主要继发于感染和中毒，原发性急性肾炎少见。如多继发于某些传染病（如兔瘟、巴氏杆菌病、大肠杆菌病和沙门氏菌病等）或是由于变态反应所致。内源性中毒如胃肠炎、代谢疾病、大面积烧伤或烫伤时所产生的毒素、代谢产物或组织分解产物；外源性中毒如摄入有毒植物、大量霉败饲料，或是人为地错误应用具有强烈刺激性的药物或化学物质。有毒物质经肾排出时产生剧烈的刺激而发病。邻近器官炎症（肾盂肾炎、阴道炎）的转移蔓延也可引起。机体受风寒湿的作用、营养不良等均为肾炎的诱因。慢性肾炎的病因与急性肾炎基本相同，只是刺激作用轻微，持续的时间较长。此外，如家兔患急性肾炎治疗不及时或不当，或未彻底治愈，也可转化为慢性肾炎。间质性肾炎主要与某些慢性传染病和慢性中毒有关。

【临诊症状】

（1）急性肾炎　病兔初期精神沉郁，食欲下降，体温升高，肾区敏感疼痛，患兔不愿活动，常蹲伏，因炎症反应性刺激，常频频排尿，尿量少，甚至无尿，尿相对密度增高，且有血尿（图3-11-1），体重下降，瘦弱。

图3-11-1 急性肾炎病兔的血尿

（2）慢性肾炎　多由急性肾炎转化而来，患兔全身无力，食欲不定，消瘦，后期可见眼睑、胸腹下或四周末端出现水肿，严重时出现水肿和体腔积水，尿量不定，相对密度增高，出现管型尿且有少量红细胞和白细胞，严重病例可引起尿毒症，与此同时，心血管系统机能障碍。

（3）间质性肾炎　初期尿量增多，后期减少，尿沉渣中有少量红细胞、白细胞、肾上皮细胞以及少量蛋白。按压肾区病兔无疼痛表现，心脏肥大，皮下水肿，最后因肾功能障碍导致尿毒症而死。

【防控】

（1）预防　供给家兔富含维生素A和蛋白质的饲料，充分饮水，防止家兔受寒受潮，及时治疗某些原发性疾病，禁止饲喂霉败变质饲料，兔舍保持干燥、温暖。

（2）治疗　首先应祛除各致病因素，治疗原发性疾病，并对尿路进行利尿消炎等。消除感染可用青霉素、链霉素、卡那霉素等，也可用醋酸可的松、强的松抑制免疫反应、抗炎。双氢克尿噻0.01g，口服，每天1～2次；乌洛托品1g，口服，每天1次。患兔应限制食盐供应。无诊疗价值的兔应尽早淘汰。

十二、尿道炎

尿道炎指尿道黏膜的炎症。

【发病原因】本病多因尿道细菌感染引起。如各种尿道损伤、尿结石的机械刺激及化学药物刺激损伤尿道黏膜，均可发生细菌感染。另外，邻近器官炎症如膀胱炎、阴道炎及子宫内膜炎时，炎症蔓延而发病。人工输精器械消毒不严、造成损伤也可引发。

【临诊症状】病兔频频排尿，排尿时，由于炎性疼痛导致尿液呈断续状流出。公兔阴茎频频勃起，母兔阴唇不断开张，严重时可见到黏性、脓性分泌物从尿道口流出。尿液混浊，其中含有黏液、血液（图3-12-1）或脓液，甚至混有坏死、脱落的尿道黏膜。最严重的病兔由于炎性肿胀而尿闭，频作排尿姿势而无尿液排出，此时腹围增大，腹部触诊，可触到积尿的膀胱，久者可造成膀胱破裂。触诊尿道时病兔疼痛不安，并抗拒或躲避检查。

图3-12-1 阴道炎病兔的含血的尿液

【防控】

（1）预防　消除致病因素，及时治疗原发病。人工采精或人工输精时，应严格遵守操作规程和无菌原则。

（2）治疗　可用青霉素5万～10万单位，肌内注射，每天2～3次；也可用磺胺类药物治疗；乌洛托品1g，口服，每天1次；膀胱积尿者，可用按摩法促使膀胱排空；无法排空时，可用膀胱穿刺法排出积尿，防止膀胱破裂。对病兔加强饲养管理，饲喂无刺激性且营养丰富易消化的优质饲料，给予清洁饮水。限制高蛋白及酸性饲料。

十三、应激

应激是家兔对某些过度刺激产生的一种过度性反应。

【发病原因】引起家兔应激的因素有剧痛、出血、创伤、烧伤、缺氧、急性感染、过冷、过热、电离辐射、饥饿、长途运输等。还有追捕、驱赶、混群、拥挤、斗架、关闭饲养、强化培育、预防注射、环境污染，以及手术保定、药物麻醉等都是应激原。频繁更换饲料是养兔的一大禁忌，称作换料应激，是应激最常见的因素。

【临诊症状】病兔全身反应明显，精神沉郁，肌肉松弛，心跳加快，心肌收缩力加强。有的家兔在遭受应激原刺激后突然死亡。慢性应激能够形成累积效应，使家兔生产性能降低，机体抵抗力下降，引发各种疾病。如热应激可使家兔消化机能障碍，产毛量下降、营养不良，种公兔出现性欲降低、精液品质下降、精液稀薄、精子活力低、少精或无精而不育。换料应激主要表现消化机能紊乱，消化不良、肠炎或腹泻（图3-13-1）。

【病理变化】病死兔胃肠黏膜出血（图3-13-2）、坏死、溃疡。

【防控】

（1）预防

① 改善饲养管理，兔舍、兔笼应通风，防止拥挤；注意原有兔群组合，避免任意混群，保持兔舍安静，免受惊吓和噪声干扰。

图3-13-1 兔受到应激后排出的粪便

图3-13-2 受到应激后死兔的胃黏膜出血

② 注意气候变化，防止忽冷忽热；炎热夏季做好防暑降温工作，寒冷冬季做好防冻保温工作，保持兔笼清洁，给予含维生素丰富的饲料。

③ 长途运输避免过分刺激，防止应激反应发生。

④ 加强疫病的预防；依照应激原的性质和家兔的反应情况，选择抗应激的药物。

⑤ 引种时，不能突然更换饲料，要逐渐进行；要随兔带来一些原场饲料，并根据营养标准和当地饲料资源情况，配制本场饲料，采取三步到位法，即前3天，饲喂原场饲料2/3，本场饲料1/3，再3天，本场饲料2/3，原场饲料1/3，之后全部饲喂本场饲料；在季节交替时，饲料原料的过渡同样应采取由少到多、逐渐过渡的方法，比如，春季到来之后，青草、青菜和树叶相继供应，如果突然给兔子一次提供大量的青绿饲料，会导致腹泻。

（2）治疗　对换料引起的应激，应按照胃肠炎的治疗方法对病兔进行治疗，并配以抗应激药物。对其他因素引起的应激，主要应用镇静剂和皮质激素以及抗过敏药物，如延胡索酸、氯化铵等。静脉注射5%碳酸氢钠注射液或饮水中添加0.1% ~ 0.2%碳酸氢钠，能减少热应激损失，有健胃作用。治疗期间应给予营养丰富且易消化的青绿饲料，增加蛋白质、维生素给量，让家兔充分饮水，也可在水中添加2%食盐，补充体液盐分的消耗，防暑解渴。

十四、中暑

中暑包括日射病和热射病，是家兔受烈日暴晒或高热所致的急性中枢神经系统功能紊乱的一种疾病。本病夏季炎热的天气多发。家兔汗腺不发达，体表散热慢，极易发生本病。

【发病原因】气温持续升高，兔舍通风不良，兔笼内密度过大、散热慢，是引起本病的重要原因。炎热季节进行车船长途运输，装载过于拥挤，中途又缺乏饮水，也易发生本病。露天兔舍，遮光设备不完善，长时间受烈日暴晒，易引起中暑。

【临诊症状】病初患兔精神不振，食欲减少甚至废绝，体温升高。用手触摸全身有灼热感。呼吸加快，口腔、鼻腔和眼结膜充血。步态不稳，摇晃不定。病情严重时，出现呼吸困难，黏膜发绀（图3-14-1），从口腔和鼻中流出带血色的液体（图3-14-2）。病兔常伸腿伏卧，头伸展、下颌触地（图3-14-3），四肢呈间歇性震颤或抽搐，直至死亡。有时病兔则突然虚脱、昏倒，呈现痉挛而迅速死亡。

图3-14-1 中暑兔黏膜发绀

图3-14-2 中暑兔从口腔和鼻中流出带血色的液体

图3-14-3 中暑病兔表现伸腿伏卧，头伸展、下颌触地

【病理变化】对病死兔剖检，可见心肌淤血，肺脏周缘充血（图3-14-4），喉头黏膜充血（图3-14-5），胸膜淋巴结淤血，肾脏轻微肿胀，尿液多混浊。

图3-14-4 中暑兔肺脏周缘充血

图3-14-5 中暑兔喉头黏膜充血

【防控】

（1）预防

① 炎热季节要做好兔舍的通风降温，使空气新鲜、凉爽。

② 温度过高可洒水降温，供给充足的饮水，露天兔舍和运动场应加设荫棚，不要使兔受到强烈的阳光照射，适当减少兔的饲养密度，避免在高温天气长途运输。

③ 夏季瓜果丰富，西瓜皮、苦瓜、黄瓜、冬瓜等营养丰富，且具有药用价值，均属家兔夏季消暑的佳品，有条件可适当供应。

（2）治疗　发现中暑病兔，应立即采取急救措施。首先将病兔置于阴凉通风处，采取物理降温方法，可用电风扇微风降温，或在头部、体躯上敷以冷水浸湿的毛巾或冰块，每隔数分钟更换1次，加速体热散发。其次进行药物治疗，口服十滴水或藿香正气水2～3滴或口服人丹2～4粒，加温水灌服。耳静脉放血，防止脑部和肺部充血；用20%甘露醇注射液或25%山梨醇注射液，1次10～30mL静脉注射；或静脉注射樟脑磺酸钠注射液0.5～1mL，山苍子根5g研为细末，加入少量食盐，温水冲服；对于有抽搐症状的病兔，肌内注射2.5%盐酸氯丙嗪注射液，每千克体重0.5～1mL。

十五、癫痫

癫痫多突然发生，迅速恢复，反复发作，呈现运动、感觉和意识障碍等临诊症状。

【发病原因】原发性癫痫可能由于脑组织代谢障碍，大脑皮层或皮层下中枢受到过度的刺激，以致兴奋与抑制过程间相互关系紊乱而引起。有的和遗传有关。继发性癫痫的病因主要有两个方面：一是脑内因素，如脑炎、脑内寄生虫、脑肿瘤等；另一个是脑外因素，主要见于心血管疾病、代谢性疾病、出血性败血症以及各种化学物质中毒。此外，外周部位受损、肠道寄生虫、过敏性反应等也能反射性地引起癫痫发作。极度兴奋、恐惧、摔倒、饱食、过饮等任何一种强烈的刺激都能促进癫痫的发作。

【临诊症状】病兔表现突然倒地，意识丧失，肢体强直性痉挛，瞳孔散大并失去对光的反射（图3-15-1）。牙关紧闭，口鼻吐白沫（图3-15-2），呼吸短暂停止，而后呼吸急促、困难。排尿、排粪失禁。一般持续半分钟或数分钟后，症状自行缓解，病兔可自行站立。本病病程长，发生频率不断增多。发作时间逐渐延长的病例，预后不良。

图3-15-1 癫痫发作兔表现肢体强直性痉挛，瞳孔散大

图3-15-2 癫痫发作兔表现牙关紧闭，口鼻吐白沫

【防控】

（1）预防　加强饲养管理，保持环境安静，治疗原发病。病兔不宜留作种用。

（2）治疗　用巴比妥或三溴合剂（溴化钠、溴化钾、溴化铵）经口或静脉注射。无诊疗价值的应尽早淘汰。

十六、瘫软症

家兔瘫软症多发生于高温高湿的夏季，以泌乳母兔为主要发病对象，以浑身瘫软为主要症状。

【发病原因】高温高湿季节霉菌和真菌易于繁殖和生长，大量的霉菌菌丝会产生一种称为真菌毒素的小分子量天然有机化合物。当家兔食用这种霉变饲料时，极易发病，出现瘫软症，尤以泌乳母兔最敏感。

【临诊症状】患病兔多食欲减退或废绝，粪便不正常，有时便秘，有时腹泻，有的粪球外粘有黏液，有的走路蹒跚，浑身颤抖，往前冲撞至倒下。此后四肢无力（图3-16-1），浑身瘫软如泥，头

图3-16-1 瘫软症病兔表现四肢无力

下垂不能抬起（图3-16-2），口触地，鼻孔和嘴端潮湿（图3-16-3），但多数患兔两眼圆瞪。有的耳壳或其他皮下有出血点。患兔体温升高，呼吸急促，心跳加快，心律不齐。一般2～4天渐进性死亡。有的死前挣扎、四肢划动等动作。

3-16-2 瘫软症病兔表现瘫软如泥，头不能抬起

3-16-3 瘫软症病兔表现瘫软如泥，头不能抬起，口触地，鼻孔和嘴端潮湿

【病理变化】剖检可见肝脏肿大，质脆易破（图3-16-4），有多处灰褐色坏死灶，胆囊充盈。肾脏有多处坏死点（图3-16-5）。多数腹腔和胸腔积液，膀胱积尿，尿液混浊，呈茶褐色或淡红色。心包积液，心肌出血（图3-16-6）。气管环和喉头淤血或出血。胃肠黏膜脱落（图3-16-7），胃和肠道有出血斑或出血点。肺脏有出血点，肺部出现黄白色、粟粒状或较大的小结节，质地柔软有弹性（图3-16-8）。

图3-16-4 瘫软症病兔的肝脏肿大，质脆易破

图3-16-5 瘫软症病兔的肾脏有多处坏死点

图3-16-6 瘫软症病兔的心肌出血

图3-16-7 瘫软症病兔的胃黏膜脱落

图3-16-8 瘫软症病兔的肺脏有出血点，有黄白色、粟粒状或较大的小结节，质地柔软有弹性

【防控】

（1）预防

① 严格饲养管理，禁用发霉饲料。

② 科学储藏，防止饲料发霉。

③ 在高温高湿季节，饲料中添加防霉剂，如丙酸及其盐（丙酸，每吨饲料中添加0.5～4.0kg；丙酸钙或丙酸钠，每吨饲料中添加0.65～5.0kg）、山梨酸（添加量为0.05%～0.15%）、苯甲酸（添加量为0.05%～0.10%）、苯甲酸钠（添加量为0.1%～0.3%）和柠檬酸、乳酸、乳酸钙等，均有较好的防霉效果。

（2）治疗　对价值高的种兔，可静脉注射25%葡萄糖注射液20～40mL，每天2次，直至痊愈。也可经口灌服10%的糖水50～60mL。皮下注射安钠咖0.5～1mL，以增强心脏功能。可用淀粉20g，加水煮成糊状，加硫酸钠5～6g灌服，以保护肠黏膜，减少毒物的吸收、增加排出。注射维生素C，配合一定的保肝药，如肝泰乐（葡萄糖醛酸内酯）、三磷酸腺苷、辅酶A等。投喂制霉菌素、克霉素、大蒜素、两性霉素B等。

第四章

外 科 病

一、创伤

家兔创伤是指兔体受到外力作用与打击，使局部皮肤、皮下组织或深层肌肉及器官完整性受到破坏的一种开放性损伤。兔创伤是兔经常发生的一种外科常见病。

【发病原因】多因兔笼、兔箱、产仔箱上的尖锐物体（如金属丝、铁皮、圆钉、竹刺、木刺等）刺（或划）伤，或剪毛不慎造成的剪伤，或互相咬斗的咬伤、抓伤等。另外，还有被犬、猫、老鼠等动物的咬伤等。还有的是哺乳母兔由于无乳或缺乳被仔兔咬伤或母乳咬伤奶仔兔。

【临诊症状】受伤部位因致伤原因和程度而呈现不同程度的被毛缺损、肿胀、疼痛、皮肤破裂及深部组织损伤，并有不同程度的出血（图4-1-1）与渗出。轻者，可见皮肤裂口或缺损（图4-1-2）。重者可见皮开肉绽，大量出血。如被犬、猫、鼠咬伤，局部出现红肿、溃烂（图4-1-3）。有时兔的耳朵被咬伤（图4-1-4）或撕裂，臀部损伤严重。有的睾丸下垂流血，如果损伤导致大动脉出血，可引起兔的死亡。

【防控】

（1）预防

① 兔笼、兔箱、产仔箱及用具等要避免有尖锐物体，紧固铁丝尖端要隐藏，新的竹片底网要磨光，以防毛刺扎伤。

图4-1-1 家兔后肢皮肤破裂造成少量的出血

图4-1-2 家兔创伤造成皮肤的缺损

图4-1-3 家兔创伤造成皮肤的溃烂

图4-1-4 家兔耳朵被咬伤

② 兔笼内养兔密度不宜过大，青年、成年兔分开饲养，防止咬斗，互相咬斗的兔子要及时分开，剪毛时一定要小心防剪伤。

③ 防止犬、猫、鼠等动物的骚扰。

④ 母兔产仔后给予饮水，保持兔舍周围安静，防止母兔咬伤奶仔兔；根据母兔的泌乳能力适当调整仔兔的数量，防止因母兔无乳或缺乳而被仔兔咬伤。

（2）治疗　必须立即排除造成创伤的原因。

① 一般轻度创伤，可不治自愈，或涂擦2%～3%碘酊、5%龙胆紫液。

② 重度较大而深的破裂伤，充分止血后用3%双氧水，或无菌生理盐水，或0.1%高锰酸钾溶液，或0.1%新洁尔灭溶液，或0.1%雷佛奴尔溶液清洗创腔，而后涂布磺胺粉或其他消炎药物，必要时要进行皮肤及有关组织的缝合。

③ 较深的刺伤、破裂伤等，应皮下注射1000单位破伤风抗毒素，以防发生破伤风。治疗破裂伤期间，笼舍内及创伤部位都应保持清洁、干燥。

④ 对已感染化脓的创口，要用3%双氧水，或0.1%高锰酸钾溶液将脓汁洗净，而后在涂布2%～3%的碘酊，或用雷佛奴尔液引流。

⑤ 严重者可注射青霉素等抗生素或磺胺类药物来预防全身性感染。

二、脓肿

兔脓肿是在兔的组织或器官内形的外有脓肿膜包囊，内有脓汁潴留的局限性脓腔。

【发病原因】由各种化脓菌（葡萄球菌、化脓性链球菌、大肠杆菌、铜绿假单胞菌和腐败性细菌）通过家兔损伤的皮肤或黏膜进入体内而发病。常见的原因是肌内注射或皮下注射时没有遵守无菌操作规程，各种局限性损伤（如刺创、咬创、蜂窝织炎等）以及各种外伤处理不及时或消毒不严，尖锐物体的刺伤或手术时局部污染所致。某些传染病也可以引起家兔发病。

【临诊症状】脓肿有深浅之分。浅在性热性脓肿常发生于皮下结缔组织、筋膜下及表层肌肉组织内。初期局部肿胀无明显的界限而稍高出于皮肤表面，大小不一，有的如黄豆大小（图4-2-1），有的如鹌鹑蛋大小（图4-2-2），还有的如鸡蛋大小（图4-2-3）。触诊

图4-2-1 家兔黄豆大小的浅在性脓肿

图4-2-2 家兔鹌鹑蛋大小的浅在性脓肿

图4-2-3 家兔鸡蛋大小的浅在性脓肿

时局部温度增高，坚实，有剧烈的疼痛反应。以后肿胀的界限逐渐清晰，中间开始转化并出现波动。有时可自溃排脓（图4-2-4）。但常因皮肤溃口过小，脓液不易排尽。浅在性冷性脓肿一般发生缓慢，即虽有明显的肿胀和波动感，但缺乏温热和疼痛反应或非常轻微。深在性脓肿常发生于深层肌肉、肌间及内脏器官（图4-2-5），局部肿胀增温的症状常常见不到，但常出现皮肤及皮下结缔组织的炎性水肿。触诊时有疼痛反应并常有指压痕。如脓肿在内脏，破溃后会引起全身症状，如脓毒症、脓毒败血症等。小的脓肿，脓液可被吸收、钙化而自愈。大的脓肿破溃后会使脓汁浸入表层组织，甚至引起新的脓肿和蜂窝织炎。

【防控】

（1）预防　经常观察兔群，发现兔的皮肤和黏膜有外伤时，应及时处理。对兔笼、兔箱、产仔箱及用具等易造成兔皮肤损伤的因素均应除去，可防止本病发生。给兔打针时，对注射针头、皮肤均应进行彻底消毒，才能防止感染。

图4-2-4 家兔浅在性脓肿自溃排脓

图4-2-5 家兔眼球后部的深在性脓肿

（2）治疗　本病如能及时治疗，一般愈合良好。对早期硬固性肿胀，可应用冷疗法（如用复方醋酸铅溶液、鱼石脂酒精、栀子酒精冷敷）或局部涂擦樟脑软膏等，以促进炎症的消散，并配合全身的抗菌药物治疗。在脓肿的中期，可用10%鱼石脂软膏、5%碘软膏或5%碘酊，涂抹患部，每日1次，连用2～3天，或用温热疗法（如热敷、红外线等），以促进脓肿成熟。当出现波动感时，即表明脓肿已成熟，应及时在脓肿波动最明显的部位切开，彻底排除脓液，再用3%双氧水溶液或0.1%高锰酸钾溶液冲洗干净，然后安放纱布引流条或进行开放疗法，必要时配合抗生素全身治疗。对于关节部脓肿膜形成良好的小脓肿，可采取脓液抽出法，即利用消毒注射器将脓肿腔内的脓液抽出，然后用生理盐水反复冲洗脓腔。抽净腔中的液体，最后灌注混有青霉素的溶液（每毫升液体中含青霉素10万～20万单位）。

三、直肠脱垂

直肠脱垂是直肠由肛门脱出体外，家兔偶尔发生。

【发病原因】家兔直肠脱垂的主要原因是由于饲养管理不当，体质虚弱，肛门及直肠韧带松弛，并且长期腹泻。高产母兔妊娠后期腹腔压力大，加之分娩时过分努责及过多的体能消耗，也可导致本病的发生。

【临诊症状】直肠一侧部分肠壁或者部分肠管，甚至大部分肠管脱出肛门外，肠壁黏膜向外。刚脱出时外露正常的肠管壁（图4-3-1），随着时间的延长，肠壁血管淤血，随之水肿，颜色发暗（图4-3-2），甚至出现坏死，呈紫褐色或青紫色（图4-3-3）。

图4-3-1 家兔直肠部分肠壁脱出，初期肠壁正常

图4-3-2 家兔直肠部分肠壁脱出，肠壁水肿色暗

图4-3-3 家兔直肠大部分肠管脱出肛门外，呈紫褐色

【防控】

（1）预防　加强饲养管理，尤其是妊娠母兔的饲养管理。维持家兔正常的营养水平及体质，及时治疗腹泻等疾病。

（2）治疗　发现家兔直肠脱垂时，应及时手术整复与固定。脱出时间短、淤血和水肿轻者，先用温热的0.25%高锰酸钾溶液或1%盐水或1%明矾溶液或花椒水清洗脱出的肠壁，除去污物或坏死黏膜，然后提起兔的两后肢，使其头朝下，用手指谨慎地将脱出的肠管还纳肛门即可；对脱出时间较长、水肿和淤血较重者，用0.1%温高锰酸钾溶液清洗后，用小宽针或9#针头多点穿刺水肿的直肠黏膜，挤压出部分水肿液，涂上青霉素粉或碘甘油等，然后用手指慢慢挤压推送回肛门。送回后不再脱出时可不用固定处理，如送回后有再脱出可疑时，要用荷包缝合法缝合肛门，但要留有适当空隙，使能排出粪便而又不再脱出为宜，如此维持3～5天即可拆除缝线。也可用95%酒精在肛门周围分3～4点注射，每点0.2mL，使局部组织肿胀，能有效地防止直肠再度脱出。

四、湿性皮炎

湿性皮炎是家兔常见的皮肤慢性进行性疾病，严重影响兔皮经济价值。

【发病原因】本病多因潮湿或有损伤而继发细菌感染所致，水管滴水或尿液长时间浸渍等可引发。本病多见铜绿假单胞菌的感染，坏死杆菌感染也较广泛。

【临诊症状】皮肤发炎，局部掉毛（图4-4-1、图4-4-2），甚至发生溃疡和坏死，如有铜绿假单胞菌感染，毛色变绿。

【防控】

（1）预防　消除使兔皮肤潮湿的原因。保持兔舍、兔笼干燥、清洁卫生，经常消毒杀菌，将饮水器安放到家兔蹲卧不到的高度并及时修理漏水的饮水器。

图4-4-1 腹部皮肤发炎，
被毛脱落

图4-4-2 阴门附近腹部皮肤
发炎，被毛脱落

（2）治疗 先剪去病变部位的被毛，用0.1%高锰酸钾溶液冲洗皮肤，涂擦3%～5%碘酊，每天1次，连用3天。或涂擦抗生素软膏，治疗原发病。

五、溃疡性脚皮炎

兔的溃疡性脚皮炎是指家兔跗骨部的底面以及掌骨指骨部的侧面所发生的损伤性溃疡性皮炎。家兔极易发生。

【发病原因】兔笼底板粗糙、高低不平，金属底网铁丝太细、凸凹不平，兔舍过度潮湿等均易引发本病。神经过敏、脚毛不丰厚的成年兔、大型兔种较易发病。体重较大兔脚部在兔笼铁丝网上因承受的压力太大而造成局部皮肤压迫性坏死，葡萄球菌是主要病原菌。

【临诊症状】患兔食欲下降，体重减轻，拱背，呈踩高跷步样，四肢频频交换支持体重，时而卧伏，不愿活动。跗骨部底面或掌骨部侧面皮肤上覆盖干燥硬痂（图4-5-1）或大小不等的局限性溃疡（图4-5-2）。溃疡部可继发细菌感染，有时在痂皮下发生脓肿（图4-5-3）。

图4-5-1 兔掌骨部侧面皮肤上覆盖干燥硬痂

图4-5-2 兔趾骨部底面发生局限性溃疡

图4-5-3 兔趾骨部底面发生痂皮下脓肿

【防控】

（1）预防

① 兔笼底以竹板、木条制作为好，笼底要平整，竹板、木条上无钉头外露，笼内无锐利物等，防止机械损伤，减少感染机会。

② 保持兔舍、兔笼、产仔箱内的清洁、卫生、干燥，勤换垫草，定期检查和消毒。

③ 选择脚底毛丰厚的作种兔，淘汰有习惯性脚皮炎倾向的种兔。

（2）治疗　先将患兔放在铺有干燥、柔软的垫草或木板的笼内。治疗方法有以下几种：

① 用橡皮膏围绕病灶重复缠绕（尽量放松缠绕），然后用手轻握压，压实重叠橡皮膏，20～30天可自愈。但对四肢发病者治愈不良。

② 先用0.2%醋酸铝溶液冲洗患部，清除坏死组织，再涂擦15%氧化锌软膏或土霉素软膏等。当溃疡面开始愈合时，可涂擦5%龙胆紫溶液。

③ 如病变部形成脓肿，应按外科手术排脓后用抗生素进行治疗。

④ 发病初期，还可用磺胺、大蒜疗法，即用磺胺噻唑软膏2份、大蒜泥1份，混合均匀涂患部。

⑤ 石灰疗法，即用生石灰1份，水2份，混合2小时后，用石灰水涂患部，隔4～5天再涂一次；让病兔脚踏生石灰，也有治疗作用。

六、结膜炎

结膜炎是眼睑结膜和眼球结膜的表层或深层炎症，临诊上呈急性或慢性经过。是家兔最常见的一种眼病。

【发病病因】 各种机械性损伤；外界异物（如灰尘、泥沙、谷皮、花粉、被毛等）进入眼内；化学药物、气体的刺激（如石灰、氨水、火碱、烟雾、沼气及某些刺激性消毒药等）；维生素A缺乏或紫外线、放射线等的刺激而引起。也可继发于某些疾病（如感冒、传染性鼻炎等）。寒冷季节，舍内粪尿清理不及时，氨气含量过高，通风不良等，是诱发结膜炎的主要因素。

【临诊症状】结膜炎的共同症状是羞明、流泪、结膜充血、浮肿、眼睑痉挛、渗出物及白细胞浸润。根据眼分泌物性质，可分为黏液性结膜炎和化脓性结膜炎。

（1）黏液性结膜炎　结膜轻度潮红（图4-6-1），眼睑稍肿（图4-6-2），分泌物较少为浆液性的（图4-6-3），随病程发展分泌物为黏液性的，眼睑闭合，眼分泌物外流于颊部。

图4-6-1 黏液性结膜炎结膜潮红

图4-6-2 黏液性结膜炎眼睑肿胀

（2）化脓性结膜炎　眼睑严重充血、肿胀，疼痛剧烈，结膜囊内蓄积黄色脓性分泌物（图4-6-4），并从眼角流出，眼睑闭合，炎症侵害角膜，则角膜混浊（图4-6-5），形成溃疡（图4-6-6），整个眼球发炎，甚至失明。

【防控】

（1）预防

① 加强饲养管理，保持笼舍清洁卫生，加强通风，防止尘埃、污物、异物侵入兔眼。

② 夏季防止日光的强烈照射，消毒时应注意消毒药的浓度和消毒时间，日龄中经常配合富含维生素A的饲料，如胡萝卜、南瓜、

图4-6-3　黏液性结膜炎流出浆液性分泌物

图4-6-4　化脓性结膜炎结膜囊内蓄积黄色分泌物

图4-6-5　化脓性结膜炎造成的角膜混浊

图4-6-6　化脓性结膜炎造成的角膜溃疡

黄玉米和青草等。

③ 及时防治可引起结膜炎的某些传染病、内科病和寄生虫病，避免机械损伤。

（2）治疗　除去病因，消炎镇痛，防止光线刺激。以局部用药为主，必要时可辅助全身用药。

① 除去原因。确定原发疾病，以治疗原发疾病为主。

② 清洗患眼。用2%～3%硼酸水，或0.9%氯化钠注射液、0.01%新洁尔灭液、0.1%雷佛奴尔液等彻底洗眼，每天1～2次，洗除异物和分泌物。蒲公英50g水煎，头煎内服，二煎洗眼。

③ 消炎镇痛。选用青霉素、四环素、金霉素、黄连素、环丙沙星、氧氟沙星等抗生素眼药水点眼或眼药膏涂抹，每日2～4次，镇痛用1%～3%盐酸普鲁卡因液点眼。分泌物过多可用0.3%硫酸锌液、1%～2%明矾溶液或1%硫酸铜溶液洗眼。慢性结膜炎可用0.5%～1%硝酸银溶液点眼，而后用生理盐水冲洗，再行温敷。

④ 全身药物治疗。严重感染者，可根据情况全身使用抗生素，或磺胺类药物进行治疗。

七、骨折

骨的完整性或连续性因外力作用遭受部分中断或完全破坏时称为骨折。骨折的同时常伴有周围软组织不同程度的损失。各种动物均可发生，以四肢长骨发生较为常见。

【发病病因】家兔受外伤打击、砸压、笼门夹挤、笼网或底板网孔或夹缝的夹扭，以及粗暴的捕捉和保定等，都有可能使骨骼折断，特别是腿部长骨最易发生。受惊乱窜或从高处跌落等也可造成骨折。患佝偻病的病兔也易发生骨折，运输途中过度拥挤也能引起骨折。

【临诊症状】病兔有受伤的经过，且骨折部位成假关节样（图4-7-1），出现功能障碍，肿胀明显，触之剧痛，有骨摩擦音，可触到骨骼断端或碎骨片。四肢骨折时远心端游动，出现跛行或拖曳前进（图4-7-2）。非开放性骨折，在骨折部位皮肤无破口，软组织损伤较轻；开放性骨折伴有皮肤的破伤与出血，或患部骨折断端外露，创口内有血块、碎骨片或异物等，软组织损伤严重（图4-7-3、图4-7-4）。脊椎骨骨折，可出现后躯完全或部分麻痹，皮肤和肌肉感觉消失，患兔拖着后肢行走。如果同时脊髓受损严重，肛门和膀胱括约肌失控，大小便失禁，臀部被粪尿污染。骨折程度较轻，脊髓轻微受损，仅骨折部位出现肿胀，暂时不能站立，随着运动机能的恢复，患兔也可于较短期内恢复。

图4-7-1 兔左后肢骨折部位成假关节样

图4-7-2 骨折病兔呈拖曳前进

【诊断】确诊骨折损伤的具体程度，需要进行X射线检查（图4-7-5）。

【防控】

（1）预防

① 兔笼设计要合理，下面要装底板，笼底板应光滑，笼底板条缝隙或网眼大小要适当，以不使兔腿陷落而又能使粪球掉下为宜。一般每片宽度在2～2.5cm，每片间空隙在1～1.1cm。

② 捕捉方法要正确，切忌抓腰部或提后肢，避免在捕捉或保定时家兔挣扎而致骨折或脊椎损伤。

图4-7-3 新鲜开放性骨折骨断端穿破皮肤露出

图4-7-4 陈旧性开放性骨折断端露出，周围软组织损伤

图4-7-5 兔骨折X射线照片

③ 开关笼门要小心，防止兔掉下。避免外力打击。

④ 保持舍内安静，防止生人、其他动物（如犬、猫等）进入兔舍。

⑤ 加强饲养管理，防止佝偻病的发生；运输车辆装载密度要合适，防止过度挤压。

（2）治疗

① 长骨非开放性骨折。首先应复位后固定。用消毒液洗净受伤部周围的皮肤，涂以碘酒，以防细菌感染。整复骨折部分，使断端接合良好。用纱布棉花衬垫于骨折处的上下关节包裹，然后用小木（竹）条（或板）或用硬纸剪成长条，宽度根据骨折部的粗细，在腿的四面（前、后、内、外）各放一条，然后用绷带紧紧缠住包扎固定，经3～4周后拆除，一般愈后良好。

② 长骨开放性骨折。如果皮肤创口较小，肿胀轻，易恢复，可及时清创，除去异物，用碘酊创内、创外消毒，伤口敷以抗生素等外科常规处理后，再对骨折部位进行整复固定，并结合全身应用抗生素3～5天，以防感染。

③ 对较大而严重的开放性骨折不易恢复时，可根据兔自身的经济价值，进行截肢术或淘汰；对已感染化脓的则应予以淘汰；脊椎骨骨折造成脊髓严重损伤的予以淘汰。

④ 因佝偻病等引起骨质疏松的长骨骨折，经上述处理后，并给予富含钙、磷和维生素A、维生素D的饲料；或者肌内注射维生素A、维生素D注射液或维丁胶性钙注射液，内服磷酸钙1g、乳酸钙0.5～2.0g或骨粉2～3g。

八、冻伤

在气候寒冷地区，家兔容易发生冻伤。

【发病原因】在冬季，天气寒冷，兔舍、兔笼内无保温取暖设备，产箱内垫草少且质量差从而使保暖不好（图4-8-1），并且湿度较大时，易发生冻伤。有的品种耐寒性差，再加上饥饿、活动量不足、机体衰弱等易导致本病的发生。仔兔、幼兔也易发生。冬季露天喂养的兔更易发生本病。

【临诊症状】青年兔、成年兔冻伤常发生于耳朵及足部机体末梢、被毛较少以及皮肤薄嫩处。由于受冻伤程度不同，暴露于外部皮肤呈现不同症状。一度冻伤表现为局部肿胀、发红（图4-8-2）、稍热、有疼痛；二度冻伤表现为局部出现充满透明液体的水疱，数日后水疱破溃，形成疼痛的经久不愈的溃疡，愈合后留有瘢痕；三度冻伤局部组织表现为坏死、干枯、皱缩，以后组织坏死分离脱落。严重者，全身冻伤可致死。哺乳仔兔在产箱外受冻后全身皮肤发红、发绀（图4-8-3），很快死亡。

图4-8-1 仔兔产箱内垫草太少且质量差仔兔易冻伤

图4-8-2 一度冻伤仔兔表现为局部肿胀、发红

【防控】

（1）预防

① 在寒冷季节，注意加强兔舍的保温措施，可用草帘、草席或棉帘挡门或遮盖兔笼，兔笼、产箱内多加干软垫草（图4-8-4），必要时舍内可配备其他取暖设备（如火炉、电炉、暖气等）。

② 加强饲养管理，增加光照和运动，兔舍应保持清洁干燥，及时治疗消化系统疾病，增强机体体质。

（2）治疗 发现冻伤时，先把冻伤兔转移到温暖的地方。

① 对轻度冻伤的兔，可不作处理，能自行痊愈，或对冻伤部位进行局部加温，从低温开始。局部干燥时，涂擦油脂。为缓和肿

图4-8-3 仔兔受冻后全身皮肤发红、发绀

图4-8-4 仔兔产箱内垫草好且质量好不易冻伤

胀，促进消散，可涂擦1%碘酊、碘甘油，或3%樟脑软膏或冻疮软膏。

② 对二度冻伤的兔，应先排出水疱内的液体，再局部涂擦水杨酸氧化锌软膏、抗生素软膏，预防和消除感染，早期可使用抗生素。

③ 对三度冻伤的兔，先清除坏死组织，然后用2%～3%硼酸溶液或0.1%高锰酸钾溶液进行冲洗，再撒布青霉素粉，或磺胺粉，或碘仿磺胺粉，或涂擦碘甘油或抗生素软膏。全身可静脉注射葡萄糖、维生素C和复合维生素B等，提高机体抵抗力和组织修复能力。无诊疗价值的应尽早淘汰。

④ 对尚未冻死的仔兔，可把冻僵仔兔放在人的怀里，以体温复苏或浸在35～37℃温水中轻晃（口、鼻露出水面），待兔蠕动或发出叫声后，用干软毛巾轻轻擦干被毛，迅速放回产箱的仔兔中间。如果冻伤的仔兔较多，可用250瓦红外线灯照射。使兔处于30～35℃环境中，约1小时即可复苏。切忌用口哈气温暖仔兔，因为寒冷环境中，哈出气体中水分会迅速由仔兔体表散发，进一步带走仔兔体热，促使仔兔体温更快下降，结果适得其反。复温时决不可用火烤，火烤使局部代谢增加，而血管又不能相应地扩张，反而加重局部损害。

九、肿瘤

肿瘤是动物机体中某一部分正常组织细胞，在某些内外因素的长期作用下，形成的一种异常的增生肿块。动物肿瘤的发生有一定的普遍性，涉及各种家畜、家禽和野生动物，几乎遍布于与人类关系密切的各种动物。

【发病原因】主要分为内因和外因两大类。内因主要是受免疫状态、神经系统、内分泌系统、遗传因素、胚胎残存组织、品种、年龄、性别以及营养因素等影响。例如，老龄、雌性、免疫缺陷兔易发生肿瘤。外因主要有物理因素、化学因素和生物因素。例如，机械性的长期刺激，紫外线、电离辐射，3,4-苯并芘，1,2,5,6-二苯蒽，偶氮化合物，亚硝胺类的二甲基亚硝胺、二乙基亚硝胺等均有致癌作用；病毒、霉菌及其毒素，寄生虫的寄生等均可引起肿瘤发生。

【临诊症状】临诊上根据肿瘤对动物的危害程度不同，通常分为良性肿瘤和恶性肿瘤。

（1）良性肿瘤　多呈膨胀性缓慢生长，有时可停止生长，形成包膜；肿瘤呈球形（图4-9-1）、椭圆形、结节或乳头状，表面光滑整齐，界限明显，一般不破溃；无痛，不易出血，质地软硬均匀一致，有弹性和压缩性；不转移，不复发；除局部的压迫作用外，一般无全身反应。但位于重要器官的良性肿瘤也可威胁生命；少数肿瘤也可发生恶变。

（2）恶性肿瘤　多呈侵袭性或浸润性迅速生长，很少停止生长，不形成包膜；呈多种形态，表面不整齐，界限不明显，常形成溃疡；有痛，易出血，质地软硬不均，无弹性和压缩性；易转移复发；浸润性生长的恶性肿瘤可从其原发部位通过血管、淋巴管或浆膜腔转移到其他部位继续生长，形成新的肿瘤。

图4-9-1　家兔皮下脂肪瘤

良性和早期恶性肿瘤，一般无明显全身症状，或有贫血、低热、消瘦、无力等非特异性的全身症状。如肿瘤影响营养摄入或并发出血与感染时，可出现明显的全身症状。恶病质是恶性肿瘤晚期全身衰竭的主要表现，肿瘤发生部位不同则恶病质出现迟早各异。有些部位的肿瘤可能出现相应的功能亢进或低下，继发全身性改变。

家兔的肿瘤常见于腹腔内部器官，肾脏、子宫多发。家兔常见的肿瘤有肾母细胞瘤、子宫腺癌、消化道及生殖道的平滑肌瘤和平滑肌肉瘤、阴道鳞状细胞癌、乳头状瘤病（图4-9-2）、肝脏肿瘤、乳腺肿瘤、淋巴肉瘤病。

【防控】对于肿瘤应早期发现，早期诊断，早期治疗。早期可采用手术摘除、切除或结扎。手术时，要注意止血，摘除彻底，防止复发和转移。还可用化学药物进行治疗，皮肤肿瘤可用硝酸银、浓硫酸、氢氧化钠或氢氧化钾等进行烧灼、腐蚀。50%尿素液、鸦胆子油等对乳头状瘤有效。还有烷化剂的氮芥类如马利兰、甘露醇氮芥类如环磷酰胺（癌得星）、噻替哌等药物；植物类抗癌药物如长春新碱和长春花碱等；抗代谢药物如氨甲蝶呤、6-硫基嘌呤等均有一定疗效。抗生素药物如平阳霉素、阿霉素、博来霉素等能抑制

图4-9-2 家兔的乳头状瘤

肿瘤生长。中药如清热解毒药龙葵、半枝莲、山豆根、银花、凤尾草、青黛、草河车、鱼腥草等；活血化淤药石贝穿、八角莲、莪术、大黄、地鳖虫等；化淤散结药海藻、夏枯草、猫爪草、黄药子、南星、皂刺、僵蚕、牡蛎等；扶正补虚药薏苡仁、龟板、天冬、沙参、石斛、女贞、黄芪、党参、山楂、谷芽、麦芽、白术、冬虫夏草、桑寄生等也可选择使用。

十、中耳炎

中耳炎是指鼓室及耳咽管的炎症。各种动物均可发生，但以猪、犬和兔多发。

【发病原因】常继发于上呼吸道感染如流行性感冒、一般感冒、传染性鼻炎和化脓性结膜炎等，其炎症蔓延至耳咽管，再蔓延至中耳而引起。此外，外耳炎、鼓膜穿孔也可引起中耳炎。多杀性巴氏杆菌、链球菌和葡萄球菌是中耳炎常见的病原菌，其他病原如假单胞菌、变形杆菌、马拉色霉菌、念珠菌也可引起。有报道认为血源性扩散如败血症也可引起。多发生于青年兔及成年兔，仔兔少见。

【临诊症状】单侧性中耳炎时，病兔将头颈倾向患侧，使患耳朝下，有时出现回转、滚转运动，故又称"斜颈病"（图4-10-1）。

图4-10-1 单侧中耳炎病兔头颈倾向患侧，患耳朝下，出现滚转运动

两侧性中耳炎时，病兔低头伸颈，以鼻触地。化脓性中耳炎时，病兔体温升高，食欲不振，精神沉郁，有时横卧或出现阵发性痉挛等症状。炎症蔓延至内耳时，病兔表现耳聋和平衡失调、转圈、头颈倾斜而倒地，鼓室内壁充血变红，积有奶油状的白色脓性渗出物，若鼓膜破裂，脓性渗出物可流出外耳道。中耳炎症侵害面神经和副交感神经时，则引起面部麻痹、角膜和鼻黏膜干燥、张口疼痛等。若炎症继续发展，波及脑膜，则出现脑膜炎，或引起小脑胀肿而死亡。本病的病程多取慢性经过，可长达1年以上。

【防控】

（1）预防　加强饲养管理，增强机体抵抗力，减少或及时治疗原发性疾病，如流感、鼻炎、结膜炎等；及时治疗外耳道的炎症；建立无多杀性巴氏杆菌病的兔群。

（2）治疗　首先用消毒剂充分清洗外耳，并用干棉球擦干，然后滴入抗生素药水，并配合全身应用抗生素，以使药物进入中耳腔。用药前，应对耳分泌物作细菌培养和药敏试验，抗生素治疗至少连用7～10天。对重症顽固难治的病兔应淘汰，以减少巴氏杆菌的传播机会。

十一、睾丸炎

睾丸炎是睾丸实质的炎症，各种家畜均可发生。由于睾丸和附睾紧密相连，易引起附睾炎，两者常同时发生或互相继发。根据病程和病性，临诊上可分为急性与慢性、非化脓性与化脓性睾丸炎。

【发病原因】睾丸炎常因直接损伤或由泌尿生殖道的化脓性感染蔓延而引起。直接损伤如打击、蹴踢、挤压，尖锐硬物的刺创或撕裂创和咬伤等可引起发病，发病以一侧性为多。化脓性感染可由睾丸或附睾附近组织或鞘膜的炎症蔓延而来，病原菌常为葡萄球菌、链球菌、化脓棒状杆菌、大肠杆菌等。某些传染病，如布氏杆菌病、结核病、沙门氏杆菌病、密螺旋体病等，亦可继发睾丸炎和附睾炎，以两侧性为多。

【临诊症状】

（1）急性睾丸炎　患兔的一侧或两侧睾丸呈现不同程度的肿大、疼痛（图4-11-1、图4-11-2）。站立时拱背，拒绝配种。有时肿胀很大，以致同侧的后肢外展。运步时两后肢开张前进，步态强拘，以避免碰触病睾。触诊睾丸体积增大、发热，疼痛明显。外伤性睾丸炎常并发睾丸周围炎，引起睾丸与总鞘膜或阴囊的粘连，睾丸失去可动性。由结核病引起的睾丸炎，睾丸硬固隆起，结核病通常以附睾最常患病，继而发展到睾丸形成冷性脓肿；布氏杆菌和沙门氏杆菌引起的睾丸炎，睾丸和附睾常肿得很大，触诊硬固，鞘膜腔内有大量炎性渗出液，其后，部分或全部睾丸实质坏死、化脓，并破溃形成瘘管或转变为慢性。由传染病引起的睾丸炎，除上述局部症状外，尚有其原发病所特有的临诊症状。

（2）慢性睾丸炎　患兔的慢性睾丸炎时，睾丸萎缩，发生纤维变性，坚实而缺乏弹性，无热痛症状。阴囊与睾丸组织粘连，不育。

图4-11-1　急性睾丸炎患兔的一侧睾丸肿大

图4-11-2 急性睾丸炎患兔的两侧睾丸肿大

【防控】

（1）预防　加强饲养管理，兔笼结构要合理，避免直接损伤，搞好卫生与消毒，可防止本病的发生。

（2）治疗　对急性睾丸炎，应局部冷敷配合全身应用广谱抗生素和消炎止痛药。无使用价值的，可在抗菌消炎的同时，或炎症有所缓解后摘除发炎的睾丸。对慢性睾丸炎，最有效的方法是将发炎的睾丸摘除。由传染病引起的睾丸炎应先治疗原发病，再进行上述治疗，可收到预期效果。

第 五 章

产 科 病

一、妊娠毒血症

家兔妊娠毒血症是家兔妊娠末期营养负平衡所致的较为普遍出现的一种代谢性疾病，其临诊特征是神经功能受损，共济失调、虚弱、失明和死亡。妊娠、产后哺乳及假妊娠的母兔都可发生。本病致死率很高。经产兔的发病率约为初产兔的4倍，以肥胖母兔发病最为常见。有些品种（如荷兰、波兰和英国兔）发病率特别高。

【发病原因】本病的病因是复杂的，目前仍不十分清楚，但妊娠末期营养不足，特别是碳水化合物缺乏易发生本病，尤以怀胎多且饲喂不足的母兔多见。另外，可能与内分泌功能失调、肥胖和子宫肿瘤等因素有关。

【临诊症状】初期精神极度不安，常在兔笼内无意识漫游，甚至用头顶撞笼壁。安静时缩成一团，精神沉郁，食欲减退，呼吸困难，尿量减少，呼出气体带有酮味，全身肌肉间歇性震颤，前后肢向两侧伸展。有时呈僵直痉挛。严重病例出现共济失调、惊厥、昏迷，最后死亡。

【病理变化】表现严重的肝脏脂肪变性。死亡病兔通常过于肥胖。死亡或被扑杀的病兔，剖检时常发现乳腺分泌机能旺盛（甚至包括假妊娠母兔），卵巢黄体增大，肠系膜脂肪有坏死区。肝脏表面经常出现黄色和红色区（图5-1-1）。肾脏和心脏的颜色苍白。肾上腺缩小、苍白，常有皮质腺瘤。甲状腺缩小、苍白。垂体增大。显微镜检查可见肝严重脂肪变性（图5-1-2）并有灶性坏死。肾小管和心脏也有脂肪变性。肾上腺皮质部，特别是变宽的束状带内有很多脂肪空泡。甲状腺滤泡由立方上皮细胞排列而成，并充满无色的胶体。甲状腺远侧部含有很多嗜酸性粒细胞和多个腺瘤，中间部变粗。

图5-1-1 肝脏颜色变浅，表面有黄色和红色区

图5-1-2 肝脏脂肪变性

【诊断】根据妊娠母兔病死率高，以肥胖母兔发病最为常见的特点，出现呼吸困难、尿量减少、呼出气体带有酮味和神经症状等典型症状，病理表现脂肪变性，可做出诊断。

【防控】

（1）预防 合理搭配饲料，妊娠初期，适当控制母兔营养，以防过肥；妊娠末期，必须饲喂营养充足的优质饲料，特别是富含碳水化合物的饲料，以保证母体和胎儿的需要，并避免不良刺激如饲料和环境突然变化等。此外，饲料中添加葡萄糖能预防妊娠毒血症的发生。

（2）治疗 对本病主要是争取稳定病情，使之能够维持到分娩，而后得到康复。治疗的重点是保肝解毒，维护心脏、肾脏功能，提高血糖，降低血脂。发病后口服丙二醇4mL，每日1次，连用3～5天。还可试用肌醇2mL、10%葡萄糖10mL、维生素C100mg，一次静脉注射，每日1～2次。肌内注射复合维生素B1～2mL，有辅助治疗作用。同时，使用可的松类药物来调节内分泌功能，也可促使本病的好转。

二、乳房炎

兔乳房炎是多种因素引起家兔乳腺组织的一种炎症性疾病，是严重危害繁殖母兔的一种常见疾病。多发生于产后5～25天的哺乳母兔。

【发病原因】发病原因主要有以下几方面：乳房受到机械性损伤后伴有细菌感染，如仔兔啃咬、抓伤，兔笼和产箱进出口的铁丝刺伤等。创口感染的病原菌主要是金黄色葡萄球菌、链球菌等；母兔妊娠末期大量饲喂精料，使营养过剩，产仔后乳汁分泌多而稠。或因仔兔少或仔兔弱小不能将乳房中的乳汁吸完，容易使病原菌入侵；兔舍及兔笼卫生条件差，容易诱发本病。

【临诊症状】临诊型乳房炎可分为败血型、普通型和化脓型。

（1）败血型 乳房局部红肿、增温、敏感。继而患部皮肤呈蓝紫色甚至乌黑色（又称蓝乳房病）（图5-2-1），并迅速蔓延至所有乳房。病兔拒绝哺乳，神态紧张，弓背不安，从巢箱里跳进跳出，不让乳兔吃奶。患兔精神沉郁，体温升高至40℃以上，食欲下降，饮欲增加，通常在2～3天内死于败血症。患病母兔如继续哺乳，则仔兔常整窝发生急性肠炎，造成严重死亡。

（2）普通型　一般仅局限于一个或多个乳房发炎，患部红肿充血，乳头焦干（图5-2-2），皮肤紧张发亮，有灼热感，触之乳房内有肿块。病兔通常拒绝哺乳。

（3）化脓型　多由普通型转化而来。若乳房内肿块治疗不及时，即变为化脓结节，甚至形成坏疽，并表现明显的全身反应。

【诊断】根据发病时间（多发生于产后5～25天）、仔兔相继死亡或患黄尿病、乳房的特征性症状以及治疗性诊断等进行确诊。

【防控】

（1）预防

① 母兔产前应控制饲喂料量，产后应根据产仔数、哺乳仔数的多少及乳汁情况相应供给精料和多汁饲料的饲喂量，以防引起乳汁分泌的异常（过稠过多或过稀过少）和造成乳汁在乳房中蓄积，从而避免发生乳房炎。

图5-2-1 乳房红肿，患部皮肤呈乌黑色

图5-2-2 乳房红肿充血，乳头焦干

② 保持兔笼和运动场的清洁卫生，清除尖锐物，特别要保持兔笼和产箱进出口处的光滑，以免损伤乳头。

③ 繁殖母兔皮下注射葡萄球菌疫苗2mL，每年2次，可减少本病的发生。

（2）治疗

① 封闭疗法。青霉素10万～20万单位，0.25%普鲁卡因注射液10～20mL，在乳房患部做周边封闭，每日1次，连用3天。

② 物理疗法。乳房患部初期，把乳汁挤出后，用冷水冷敷一天。24小时后，可用温水（40～45℃）或温10%～25%硫酸镁溶液（或2%硼酸水或花椒水）热敷，每次5～10分钟，每天3～4次。

③ 全身疗法。败血型及化脓型病例同时用青霉素、链霉素各20万单位进行肌内注射，每天上、下午各1次，连续3～5天。局部涂抹5%鱼石脂软膏或10%樟脑油膏。

④ 手术疗法。已形成脓肿者，应切开排脓，挤出乳房内的乳汁，而后用0.1%高锰酸钾溶液或3%双氧水冲洗后涂魏氏流膏或鱼肝油磺胺乳剂等。经久不愈的应尽早淘汰。

⑤ 中药疗法。地榆20g、白菊花24g、紫花地丁18g、蒲公英20g、野菊花22g，每只兔每天一剂，煎汤分两次服，连服4天。同时将蒲公英5g、紫花地丁5g、菊花5g、金银花5g、芙蓉花5g等五味中药混合均匀捣烂为末，直接涂敷于肿胀的乳房上，每天1次，连用4～5天；或采集金钱草100g，洗净捣烂，放入锅内炒热烹入白酒50g，搅拌后迅速捞出，趁热敷于患处，外用纱布固定，每天1次，轻者一次即愈，重者可连续用药2～3次。

三、产后瘫痪

产后瘫痪又称为生产瘫痪、产后麻痹、产后瘫，也称乳热症，是母兔分娩前后突然发生的一种严重的钙代谢障碍性疾病，其特征是由于低血钙而使知觉丧失及四肢瘫痪。

【发病原因】饲料中缺钙、磷等矿物质，频繁繁殖，产后缺乏阳光，运动不足和应激是致病的主要原因，尤其是母兔产后遭受到贼风的侵袭时最易发生。此外，分娩前后消化功能障碍及雌激素分泌过多，均可引发本病。另外，兔舍长期潮湿、受惊吓、饲料中毒、母兔患疾病（如球虫病、梅毒病、子宫炎、肾炎等）等都会引起本病发生。一般发生于产后2～3周，个别母兔发生在临产前2～4天。

【临诊症状】突然发病，精神沉郁，坐于角落，惊恐胆小，食欲下降甚至废绝，常常便秘，小便减少或不通。轻者跛行、半蹲行或匍匐行进（图5-3-1），重者四肢向两侧叉开，不能站立。反射迟钝或消失，全身肌肉无力，严重者全身麻痹，卧地不起。有时同时出现子宫脱出（图5-3-2），造成流血过多和杂菌污染而死亡。体温正常或偏低，呼吸慢，泌乳减少或停止。

【诊断】根据问诊结果，患兔突然产后发病，饲料中钙磷不足或哺育仔兔过多，钙磷丢失严重，四肢无力或后肢麻痹，出现神经机能障碍等典型症状，治疗性诊断，补钙后症状快速消失等便可确诊。

【防控】

（1）预防　对怀孕后期或哺乳期母兔，应供给钙、磷比例适宜和维生素D充足的日粮。注意兔舍卫生，保持干燥，增强运动。

（2）治疗

① 补钙疗法。10%葡萄糖酸钙溶液5～10mL、50%葡萄糖溶液10～20mL，混合1次静脉注射，每日1次。也可用10%氯化钙溶液5～10mL与等量10%葡萄糖溶液静脉注射。或维丁胶性钙注射液1～2mL，肌内注射。有食欲者饲料中加服糖钙片1片，每日2次，连续3～6天。同时调整日粮鱼粉、骨粉和维生素D含量。

② 对症疗法。对患兔按摩麻痹的后肢，使其筋络活通；用直流电疗器电疗，阴极接前脚（拔去脚毛，使金属电线直接接触皮肤），每天电疗2次，每次15～20分钟，连续10天，以后每隔3天进行1次，继续5～6次；每隔2～3小时直肠灌注温热的食糖溶液

图5-3-1 产后瘫痪的母兔出现匍匐行进

图5-3-2 产后瘫痪母兔伴发子宫脱出

10 ～ 30mL；内服蜂蜜3 ～ 5mL，每天1次。经久不愈的应尽早淘汰。

四、无乳、少乳症

母兔产后由于乳腺机能紊乱，泌乳量显著减少或突然无乳。

【发病原因】本病多见于初产母兔和老龄母兔。饲料不足，体质瘦弱，全身性疾病（胃肠炎、热性病）、疼痛性疾病等均可引起。乳腺发育不全或内分泌机能紊乱，受到惊吓，仔兔死亡，变更饲养场或饲养员等也可导致乳液减少（隐性乳房炎以乳量减少为明显症状，是引起少乳或无乳的主要疾病）。

【临诊症状】母兔乳房少乳或无乳，体温升高；整个乳房有硬结肿大，挤奶困难（图5-4-1）并拒绝哺乳；子宫内排出黄褐色半透明分泌物；无食欲，精神沉郁，便秘；产后12～24小时可观察到乳房肿大，仔兔饥饿。

【诊断】产后无乳或少乳，乳房肿大有硬结，仔兔饥饿等便可确诊。

【防控】

（1）预防　改善饲养管理，给予富含蛋白质的精料、青草、多汁饲料及动物性饲料。不要轻易改变饲养方式、更换饲养员和饲料，给哺乳母兔创造安静舒适的生活环境，减少各种应激因素。

（2）治疗　及早肌内注射青霉素和链霉素合剂，每天2次，直到症状消失；肌内注射催产素，每天4～6次，注前1小时让仔兔离开母兔，注后10～15分钟放回仔兔哺乳。还可用以下方法催奶：

图5-4-1　整个乳房有硬结肿大，挤奶困难

①　鱼催奶。用鱼50～100g，没有鲜鱼时，干鱼也可（但最好未经过盐腌制），在锅内煮后，取汤或肉拌料喂母兔，连用3～5天，喂食后第二天即见母兔腹部周围隆起。

②　拉毛催奶。在母兔分娩拉毛时，将其拉下的毛取走，母兔发现毛少了，就会继续拉毛，直拉到腹毛光秃。如果初产母兔不会拉毛可人工帮助拉毛，使乳头充分暴露。此法有明显的催奶效果。

③　红糖水催奶。母兔分娩后，立即用开水冲一碗红糖水给母兔喂服，可提高泌乳量。

④　黄豆、豆浆催奶。将黄豆20～30粒用开水浸泡后煮熟拌入饲料中喂兔，也可在豆浆中添加开水，候凉后供母兔饮用，但豆浆要随制随用，喂量不宜过多。

⑤　豆饼催奶。将豆饼粉碎后，加水浸泡9～12小时，将泡好的水供母兔饮用，剩渣拌入饲料喂兔。

⑥　蚯蚓催奶。将新鲜蚯蚓用开水泡至发白后切碎拌红糖喂母兔，每天喂2次，每次喂1～2条。也可将蚯蚓晒干、粉碎后每天10～15g，连喂4天，可增加泌乳量1.5倍。

⑦　花生米催奶。将花生米2～3粒，用温水浸泡1～2小时，使其充分泡开，拌入饲料内让母兔自行采食，连用2～3次，母兔泌乳就会十分旺盛。

⑧　催乳片催奶。内服人用催乳片，对无奶哺乳母兔，可喂催乳片，每天2片，连喂3～4天。

五、子宫内膜炎

子宫内膜炎是子宫黏膜的黏膜性或化脓性炎症，有急性和慢性之分，是造成母兔不孕的主要原因之一。多发生于产后及流产后，患兔常从阴道排出黏液性或脓性渗出物。

【发病原因】常因配种、分娩、助产时、人工授精时微生物侵入所致。也可由阴道炎、子宫颈炎、子宫复旧不全、剖宫产术、子宫脱出、胎衣不下、流产（胎儿腐败分解）、产后感染等引起。也可继发于结核、沙门氏菌病等传染病。此外，公兔生殖器官的炎症和感染，也可通过本交或精液传给母兔而引起发炎。

【临诊症状】

（1）急性子宫内膜炎　多发生于产后及流产后，全身症状明显。食欲减退，体温升高，弓背，尿频，时常努责，有时随同努责从阴门排出较臭、污秽不洁的红褐色黏液或黏液脓性分泌物（图5-5-1）。

（2）慢性子宫内膜炎

① 慢性黏液性子宫内膜炎。其特征是性周期不正常，有时虽有发情，但多次配种而不受孕。阴道检查，可见黏膜充血，并不断排出透明而带絮状物的黏液。

② 慢性化脓性子宫内膜炎。往往表现全身症状，逐渐消瘦，阴唇肿胀，从阴门流出黄白色或黄色的黏液性或脓性分泌物（图5-5-2）。

【病理变化】阴道流出黏液或黏液脓性分泌物，子宫内积有脓性渗出物（图5-5-3）或血样暗红色液体，有时子宫内还有死亡或已被吸收的胎儿组织或灰白凝乳块状物，子宫内膜出血，并有坏死或增厚的病灶（图5-5-4）。部分病兔可见子宫内黏稠的干酪样脓肿。

【诊断】母兔性周期不正常，屡配不孕；从阴门流出黏液性或脓性分泌物以及子宫内膜的炎性变化即可作出诊断。鉴定是何种原

图5-5-1 急性子宫内膜炎阴门流出黏稠性分泌物

图5-5-2 慢性子宫内膜炎从阴门流出灰白色脓性分泌物

图5-5-3 子宫内的脓性渗出物

图5-5-4 子宫内膜出血，并有坏死或增厚的病灶

因引起的子宫内膜炎，要依据病史资料、发病特点和渗出物的性状进行综合分析，同时作微生物检查。李氏杆菌感染时，子宫渗出物多为暗红色；沙门氏菌感染时，病兔常伴有顽固性腹泻；继发感染病例，有时可见子宫内黏稠干酪样脓肿。

【防控】

（1）预防　对怀孕母兔应给予营养丰富的饲料，给予适当的运动，增强体质与抗病能力。助产时应按规范化进行。胎衣不下时要及时处理，在实施人工授精、分娩、阴道检查时，要严格消毒，分娩后兔舍要保持清洁、干燥，预防子宫内膜炎的发生。对屡配不孕

的母兔要及时检查。发现病兔及时隔离治疗，以防交配时相互传播。

（2）治疗　治疗原则是加强子宫内渗出物的排出，消炎抗菌，促进子宫机能恢复。久治不愈的应尽早淘汰。

① 冲洗子宫及子宫内用药。冲洗时要在子宫颈开张的情况下进行，而且要根据情况采取不同措施。急性、慢性黏液性子宫内膜炎，可用温热的1%氯化钠溶液500mL，用子宫洗涤器反复冲洗，直到排出液透明为止。然后经腹壁按摩子宫，排出冲洗液，放入抗生素或其他消炎药物，每日洗1次，连续2～4次。化脓性子宫内膜炎，可用0.1%高锰酸钾溶液、0.1%雷佛奴尔溶液、0.1%新洁尔灭溶液等冲洗子宫，而后注入10万～20万单位的青霉素。

② 全身治疗及对症治疗。可应用抗生素疗法及磺胺类药物疗法，同时采取强心、利尿、解毒等对症疗法。

六、流产

流产是由于胎儿或母体异常而导致妊娠的生理过程发生扰乱，或它们之间的正常关系受到破坏而使妊娠中断。它可发生在妊娠的各个阶段，但以妊娠的早期较多见。

【发病原因】引起流产的原因很多，主要有以下几个方面。

（1）饲养管理不当　饲料单一或供应不足，长期饥饿，母兔过于瘦弱，使胎儿不能得到充足的营养；长期缺乏维生素A、维生素E及微量元素；母兔过于肥胖；饲喂霉变、腐败、有毒的饲料，造成中毒（如妊娠毒血症、霉饲料中毒、棉酚中毒、有机磷农药中毒、亚硝酸盐中毒、醋糟中毒等）；夏季缺少防暑降温措施，造成高温气候；公母兔混养、强行配种，以及试情法妊娠诊断；种兔年龄老化而未淘汰等。

（2）机械性损伤与惊吓　如摸胎（图5-6-1）、捕捉、挤压、噪声、动物闯入、陌生人接近、追赶、打架、跳跃、手术等。

（3）用药错误　妊娠期间大量或长期使用药物，如服用泻药、驱虫药、利尿药，误用具有缩宫作用的药物（如胆碱类、麦角类、

图5-6-1 兔子摸胎检查时用力不当可造成流产

肾上腺皮质激素类药物）或激素（如雌激素、前列腺素等）。

（4）胎膜和胚胎发育不良　由于近亲交配或具有致死、半致死基因重合，使精子或卵子发育不良，受精的合子生活力不强，使胚胎早期死亡被吸收。胎水过多、胎膜水肿、胎盘异常，使胎儿的营养供给障碍，引起胎儿死亡。

（5）生殖器官疾病　如子宫内膜炎、阴道炎、先天性子宫发育不全等。

（6）全身性疾病　母兔的心脏、肺脏、肝脏、肾脏及胃肠道疾病（腹泻、肠炎、便秘等）、某些传染病（如结核病、布氏杆菌病、葡萄球菌病、大肠杆菌病、密螺旋体病、李氏杆菌病等）、寄生虫病、中毒病等，均可并发流产。

【临诊症状及防控】根据流产的症状不同，可分为隐性流产、小产、早产及延期流产。

（1）隐性流产　往往发生在胚胎附植的前后。变性死亡且很小的胚胎被母体吸收，或在母体再次发情时随尿液排出未被发现，子宫内不残留任何痕迹，临诊上也见不到任何症状，故称隐性流产。生产中有时发现，母兔配种8～10天摸胎，触诊已经妊娠，但时隔数日胚胎已摸不到，或一直未见流产和产仔。

对隐性流产的防控重点在于预防。在母兔繁殖期要改善饲养管理条件，满足对维生素、微量元素及蛋白质的要求，保证优良的环境条件，以提高配子质量，使早期胚胎得以正常发育。

（2）小产　小产是排出死亡未经变化的胎儿。本流产最为常见。胎儿死后，它对母体而言已成为外物，引起子宫收缩反应（胎儿干尸化例外），数天之内将死胎及胎膜排出（图5-6-2）。小产如果胎儿小，排出顺利，预后良好，以后母兔仍能怀孕。否则，胎儿腐败后可引起子宫、阴道的炎症，影响以后受孕，甚至继发败血症。

对小产母兔的防控，应以尽快排出死胎为原则。死胎若不能自行排出，可用前列腺素、催产素等药物催产，亦可人工助产，助产后须冲洗子宫及给足抗菌药。同时注意母兔的体温变化和对症治疗。

（3）早产　早产即排出不足月的活胎儿。这类流产的预兆及过程与正常分娩相似，流产的胎儿也是活的，但未足月，生活力低下，如不采取特殊措施，很难成活（图5-6-3）。

发现母兔早产，应及时查明原因并加以排除。对有流产先兆的病兔，可用药物进行保胎。常用的药物是黄体酮15mg，肌内注射，同时肌内注射复合维生素B 0.5mL。对于流产的母兔应加强护理，为防止继发阴道炎和子宫炎而造成不孕，可投喂磺胺类或抗生素类药物，局部可用0.1%高锰酸钾溶液冲洗。让母兔安静休息，补喂高营养饲料，待完全康复后配种。对早产胎儿应特殊护理，如保温、

图5-6-2　母兔小产时排出死胎及胎膜

图5-6-3　死亡的早产胎儿

人工协助哺乳。

（4）延期流产　胎儿死亡后，如果子宫阵缩微弱，子宫颈管不开或开放不大，死胎长期滞留于子宫内的现象称为延期流产。依子宫颈是否开放，其结果有以下两种。

① 胎儿干尸化。胎儿死亡后，子宫颈紧闭（黄体持续存在，仍大量分泌孕酮），胎儿未被排出，其胎水及软组织中的水分被母体吸收，变成棕黑色，好像干尸一样，称为胎儿干尸化，亦称木乃伊。兔部分胎儿干尸化，在临诊上难以诊断，需借助B超扫描等措施。多胎动物部分胎儿干尸化，若不影响其他胎儿发育则无需处理。若需处理，则用前列腺素疗法，或雌二醇结合催产素法，或用地塞米松、促肾上腺皮质激素、雌激素等单用或合用治疗本病。

② 胎儿浸溶。怀孕中断后，死亡胎儿的软组织腐败分解，变为液体流出，而骨骼留在子宫内时，称为胎儿浸溶。胎儿浸溶，可引起腹膜炎、败血症、脓毒血症等，预后不良。一般引起母体体温升高，不食，精神沉郁，阴门流出难闻的黏稠液体。防控胎儿浸溶的措施，先注射雌激素或前列腺素，待子宫颈开张后，再向子宫内注入0.1%高锰酸钾溶液，再注入适量的润滑剂，在注射催产素或助产拉出胎儿。必要时进行全身疗法。

七、难产

母兔分娩时，在正常时间内不能顺利地将胎儿分娩出来称为难产。

【发病原因】分娩是由产力、产道和胎儿三个因素共同作用完成的，其中一个因素出现异常，均可发生难产。如母兔子宫阵缩无力，母兔过肥或过瘦，配种过早，骨盆狭隘，骨盆骨折变形；胎儿过大，两个胎儿同时进入产道以及胎儿畸形，胎儿发生气肿以及胎儿姿势不正常等，都可成为难产的原因。临诊上各种原因引起胎儿死亡后发生难产的情况较为多见。

【临诊症状】难产时，母兔有扯毛做窝及努责阵缩等分娩症状，但迟迟不能将胎儿娩出，有时产出部分胎儿后而发生难产。难产时母兔常表现鸣叫不安，时起时卧，频频排尿，腹部膨胀，精神高度紧张。有时可见胎儿的部分肢体露出阴门（图5-7-1），严重者可因难产而导致母兔死亡。

【防控】发生难产后应根据情况选用药物催产（肌内注射催产素5～10单位）、手术助产等办法加以救治。上述方法无效时，可施行剖腹术加以抢救。催产药物常用催产素（脑垂体后叶激素），每兔肌内注射10单位。剖腹术应尽量做到无菌操作，术后加强护理。助产应在确定难产的原因后进行。助产前对局部消毒，产道涂润滑剂，助产外拉胎儿时应在母兔努责时进行，否则容易发生子宫脱出。推拉胎儿应防止损伤母兔产道，注意保护胎儿。为防止产后感染，助产后应用0.1%高锰酸钾溶液或0.1%雷佛奴尔溶液冲洗产道及子宫，排出冲洗液后放入抗生素或磺胺类药物。平时应针对难产发生的原因加强预防。

图5-7-1 难产母兔的胎儿后躯露出阴门外

附：兔剖腹术

（1）术前准备 助手将兔右（或左）侧卧保定或仰卧保定。术部除毛、消毒。在预定切开部位用0.5%～1.0%盐酸普鲁卡因溶液6～10mL做局部浸润麻醉，或肌内注射速眠新溶液（846合剂）0.3～0.8mL进行全身麻醉。

（2）术式 手术切口选择在腹部触诊胎儿最明显处。右（或左）侧保定时，可在左（或右）侧肷部切开。若仰卧保定时，其切口在耻骨与脐孔之间的腹白线上。术部再次进行消毒，然后用创巾进行隔离。依次切开皮肤、肌肉（或腹白线，仰卧保定时）及腹膜，切口大小以易取胎和污染机会少为原则（大约长5～7cm）。左手食、中指伸入腹腔，将两侧怀孕子宫角缓慢拉出切口外，在最靠近子宫体的胎儿处的子宫角大弯处切开子宫，进行取胎。最好是先取出一侧子宫角处理完后送回腹腔，再拉出另一次子宫角，以同样方法取胎，应尽量减少子宫角在腹腔外暴露的时间。取胎结束后，将子宫角内的羊水、污血冲洗干净，并注入林可霉素注射液2mL或其他抗生素，以两层缝合法缝合子宫壁，第一层用全层连续螺旋缝合法，第二层用连续伦勃特氏缝合法或库兴氏缝合法。若母兔因骨盆畸形或骨盆太小而引起的难产，应顺手结扎输卵管做绝育手术或摘除两侧卵巢。腹膜进行连续螺旋缝合法，肌肉进行结节缝合，皮肤进行结节缝合，涂以2%～3%的碘酊，并做结系绷带。

（3）术后护理 术后给母兔细心周到的照料，喂给易消化的食物，让其在清洁、干净、暖和、舒适的笼箱内。每天肌内注射青霉素2次，每次15万～20万单位，连用3～5天。也可内服复方新诺明，每天2次，每次1片，连用3～5天。术后7～8天拆线。

八、子宫脱出

子宫脱出是母兔在分娩后很短时间内发生子宫内翻并翻至体外的一种产后疾病。

【发病原因】母兔怀孕期间缺乏运动，营养不良，缺钙，衰老，体质虚弱，长期患慢性消耗性疾病，患子宫炎及阴道炎，经产，胎水过多，胎儿头数过多等因素，使子宫过度伸张和子宫肌弛缓；或胎儿过大，母兔努责强烈等原因，都可使子宫脱出。

【临诊症状】母兔分娩后很短时间，子宫内翻，从阴道脱出。在阴门外可见到大小不等的柔软而有弹性的形似肠管的两个子宫角（图5-8-1）。开始色泽鲜红，而后呈青紫色或暗红色。时间稍长，黏膜水肿、变厚，极易破裂出血。外面常附有兔毛、粪渣及草屑，有的部分黏膜发生溃疡和坏死。病情严重者可见患兔体温升高，精神沉郁，食欲减少和呼吸增快等明显症状。治疗不及时，可导致家兔失去繁殖能力（子宫炎、阴道炎、屡配不孕），甚至发生死亡。

【防控】

（1）预防　妊娠期间，应满足母兔对蛋白质、钙、磷的需要；要注意适当运动和光照；注意预防寄生虫病和生殖器官疾病。产仔期间，要精心护理母兔，一旦发现子宫脱出，应尽快采取措施。

（2）治疗　对子宫脱出的病例，必须及早实施手术整复。子宫脱出时间越长，整复越困难，所受外界刺激越严重，康复后不孕率也越高。

图5-8-1　兔子宫脱出

① 整复。用温的0.1%高锰酸钾溶液，或0.1%新洁尔灭溶液，或3%明矾水溶液等清洗子宫黏膜上的粪便、被毛、褥草及其他污物。若脱出时间较长，子宫严重淤血、肿胀，可用浓盐水清洗，使其脱水，以便整复。然后在子宫黏膜上撒上少量青霉素粉或链霉素粉或涂碘甘油等。助手提起患兔的两后肢，倒立固定患兔，为防止疼痛性休克和顺利整复复位，取2%盐酸普鲁卡因注射液0.5mL经消毒后行百会穴注射，再取0.5%的盐酸普鲁卡因液于两侧外阴门基部各注射1mL。术者一手轻轻托起脱出的子宫，一手细心地将脱出的子宫从四周缓慢轮换推入腹腔。再提起后肢将患兔左右摇摆几次，拍击患兔臀部，促使子宫复位。另一种方法是：术者用食指或将消毒的钢笔筒涂上润滑剂，顶在子宫脱出部的尖端，小心地往回送，待送进2/3时，抽出食指或钢笔筒继续推送，子宫全部送入后再抓住兔的后腿轻轻地抖动几下，以利子宫复位。为防止再次脱出，对阴门作1～2针结节缝合。脱出子宫损伤严重、组织失去活性或不能整复时，可作卵巢子宫的全切除术或淘汰。

② 预防复发及护理。促进子宫复位，可肌内注射或皮下注射催产素5～10单位。除局部涂抹抗生素外，全身给予抗生素3～5天，以防感染和败血症的发生。对病兔要注意观察，如发现有努责现象，须检查是否有子宫内翻的情况，如有则立即加以整复。

九、不育

不育是指动物暂时性或永久性地不能繁殖。一般将雌性动物的不育称为不孕症。雄性动物达到配种年龄不能正常交配，或精液品质不良，不能使雌性动物受孕则称为不育。

（一）母兔不孕症

母兔不孕症是指母兔在体成熟之后，或在分娩之后超过正常时限仍不能发情配种受孕，或虽经过数次交配仍不能怀孕的一种病理状态。

【发病原因】造成不孕的原因是多方面的。

（1）先天性的不孕　是由于生殖器官发育异常，常见的有幼稚病（即达到配种年龄而生殖器官发育不全，或者缺乏繁殖能力）、两性畸形（即同时具有雌雄两种性腺，或虽具有一种性腺，但其他生殖器官却像另一种性别）、生殖道异常（即生殖道的某一部分异常，如子宫无官腔、子宫颈闭锁、阴道及阴门过于狭窄或闭锁、缺少子宫角或子宫颈等）。

（2）后天性不孕

① 营养性不孕。即营养缺乏或营养过剩所致，如母兔过于肥胖，卵巢表面脂肪沉积，使卵泡发育受阻或使成熟的卵泡不能破裂排卵，过度肥胖还造成内脏器官蓄积脂肪，输卵管壁增厚，口径变窄，使精卵结合受阻。母兔过瘦，常见的有日粮单调、劣质或缺乏必要氨基酸、无机盐和维生素等。如缺乏维生素A，可引起子宫内膜的上皮细胞、卵细胞及卵泡上皮细胞变性、卵泡闭锁或形成囊肿。缺乏维生素E，可引起妊娠中断、死胎或隐性流产。缺乏维生素B_1，可使子宫收缩机能减弱，卵细胞的生产和排卵遭到破坏，使母兔长期不发情。缺乏维生素D，可引起体内无机盐（特别是钙、磷）代谢紊乱，从而可间接引起不孕。此外，钙、磷、硒、钴、锌等缺乏，亦可导致母兔的不孕。

② 疾病性不孕。即家兔生殖器官和其他器官的疾病或机能异常引起的。如卵巢机能障碍（卵巢囊肿、持久黄体以及卵巢萎缩硬化等），往往是由于不正确的使用激素制剂（多是用量过大）或大量食入含有类激素样物质，使体内激素水平失调而导致。生殖器官和其他器官疾病或其他疾病，如卵巢炎、输卵管炎、子宫内膜炎（图5-9-1）、阴道炎、子宫肿瘤、密螺旋体病（图5-9-2）、李氏杆菌病、沙门氏杆菌病等也引起不孕。

③ 技术性不孕。配种质量不良，配种时机掌握不当，人工授精技术不良，精液处理不当和输精技术不当，滥用药物，衰老及突然改变饲养环境等，也会造成不孕。

图5-9-1 子宫内膜炎病兔阴门流出黏稠性分泌物　　**图5-9-2** 密螺旋体病兔阴门周围的皮肤和黏膜潮红、肿胀

【临诊症状】 母兔在性成熟后或产后一段时间内不发情或发情不正常（无发情表现、微弱发情、持续性发情等），或母兔经屡配或多次人工授精不受胎。

【防控】

（1）预防　加强饲养管理，供给全价日粮，保持种兔八成膘情，防止过肥、过瘦。光照充足。掌握发情规律，适时配种。及时治疗或淘汰患生殖器官疾病的种兔。对屡配不孕者应检查子宫状况，有针对性地采取相应措施。

（2）治疗

① 过肥的兔通过降低饲料营养水平或控制饲喂量降低膘情，过瘦的种兔采取增加饲料营养水平或饲喂量，恢复体况。

② 若因卵巢功能降低而不孕，可试用激素治疗。皮下或肌内注射促卵泡素（FSH），每次0.6mg，用4mL生理盐水溶解，每日2次，连用3天，多于第四天早晨母兔发情后，再耳静脉注射2.5mg促黄体素（LH），之后马上配种。注射用量一定要准，量过大反而效果不佳。

（二）公兔不育症

公兔不育症是指公兔无性欲，或交配后精子不能正常与卵子结

合的现象。

【发病原因】造成公兔不育的原因也是很复杂的。除了生殖器官异常（如隐睾、小睾、发育不全或畸形）、内分泌失调、营养不良（主要缺乏维生素A、维生素E等）或营养过剩，以及疾病［如睾丸炎（图5-9-3）、尿道炎、密螺旋体病等］之外，环境温度过高是生产中公兔不育的主要原因。当环境温度超过30℃时，公兔睾丸生精上皮受到威胁，将逐渐失去生精能力，其精液品质急剧下降。有的精液的精子活力下降到0.1以下，甚至全部是死精子或出现无精症。而改善环境，重新形成有活力的精子至少需要40～50天，有的长达3个月之久。故在我国南方有"夏季不育"之说。此外，公兔配种过度或长期不配种、年老体弱、滥用药物等，也会造成不育。

【临诊症状】主要表现公兔无性欲，见发情母兔不能勃起（即阳痿），或勃起后不能射精。检查精液品质不良。

【防控】对存在生殖器官疾病和全身性疾病的，要针对原发病进行相应的治疗。对于生殖器官异常、年老体弱所引起的不育，一般无治疗价值，除非珍贵品质外，一般作淘汰处理。对饲养管理造

图5-9-3　急性睾丸炎患兔的一侧睾丸肿大

成的不育，可改善饲养管理，加强运动，供给充足、平衡的食物。对精液品质不良、阳痿等引起的不育，除加强饲养管理和针对病因采取相应措施外，尚可根据病情试用丙酸睾丸素、孕马血清促性腺激素或人绒毛膜促性腺激素等治疗。高温环境引起的应采取降温措施。

十、假孕

假孕亦称伪妊娠。是母兔常见的现象，是指母兔发情后在为交配或交配后没有受孕的情况下，全身状况和行为出现妊娠所特有的变化是一种综合征。假孕虽然并不会引起生殖道的疾病，但会影响母兔的正常繁殖。

【发病原因】造成母兔假孕的原因是排卵后没有受精。如子宫炎、阴道炎、公兔精液不良、配种后短期高温或营养过剩（尤其是高能量），母兔发情后没有及时配种而造成公兔爬跨刺激母兔，母兔间的互相爬跨以及母兔爬跨仔兔，甚至人对母兔的抚摸、梳理等，都可能引起母兔的排卵。假孕在一些兔场并不少见，个别兔场假孕率可达30%左右，尤以秋季多发。

【临诊症状】兔假孕和真怀孕一样，卵巢形成黄体，分泌激素，抑制卵细胞成熟，子宫上皮细胞增殖，子宫增大，乳腺激活，乳房胀大（图5-10-1），不发情，不接受交配等。在正常妊娠时，妊娠第16天后，黄体得到胎盘分泌的激素支持而继续存在，抑制母兔发情，维持妊娠安全。但假孕时，由于没有胎盘，在16天左右黄体退化，于是母兔假孕结束，表现临产行为，如衔草、拉毛营巢，乳腺甚至分泌出一点乳汁。假孕一般持续16～18天。假孕结束时，配种极易受胎。

【防控】

（1）预防

① 建立谱系档案。对作繁殖用的种兔，应建谱立系，分组编号。公兔、母兔分别建立繁殖卡片，使交配、产仔有记录，做到近亲不配，未发育成熟不配，换毛高峰期和风雨雪炎热天气不配。

图5-10-1 假孕造成的乳房胀大

　②配前消炎。配种前，应检查母兔的生殖系统有无炎症，如有炎症，应及时治疗，可内服抗生素类药；对外部炎症可用0.1%的新洁尔灭溶液洗涤，待痊愈后再配种。

　③采用二次配种技术。一般种兔场采用重复配种法，即在第1次配种5～6小时再用同1只种公兔进行第2次交配。商品兔场可采用双重配种法，即在第1只公兔交配后过15分钟再用另一只种公兔交配1次。若是采用长期没进行交配的种公兔，必须在配种6～8小时内进行复配。

　④加强饲养管理。搞好清洁卫生和消毒工作，对种兔增加运动时间，防止过度肥胖。不要随意捕捉、抚摸母兔。除促使母兔发情外，一般不让试情公兔随意追逐爬跨母兔。种母兔应分笼饲养，保持一兔一笼，防止有的母兔发情后爬跨其他母兔。

　⑤及时补配。母兔交配后10～12天进行摸胎检查，发现不孕母兔要及时补配。

（2）治疗　当发现假孕后，将其立即放进公兔笼内进行配种，一般即可配上怀胎。

十一、初生仔兔死亡

初生仔兔在1周龄内死亡比例很高，据统计，可占到12周龄以内死亡总数的1/3以上。

【发病原因与临诊症状】引起初生仔兔死亡的原因很多，但主要是由于母兔拒绝哺乳、仔兔饥饿、仔兔受冷和仔兔疾病所致。

（1）母兔拒绝哺乳　有的初产母兔由于神经过敏常表现不安，不给仔兔喂奶，部分或整窝仔兔死于饥饿；有的经产母兔由于母性不好或受到外界惊扰，也拒绝哺乳；有些母兔因发生乳房炎或子宫炎、呼吸道疾病、外寄生虫、肠炎等全身性疾病，乳汁不足也不哺乳。

（2）仔兔饥饿　有的母兔，最初还能满足仔兔对乳汁的需要，但随着仔兔的迅速生长，乳汁供不应求；有的产仔过多，乳汁不能满足供应，体弱的常因吃不上奶而死亡（图5-11-1）；有的母兔泌乳正常，母性也好，但因仔兔过于体弱或早产，或仔兔发生腭裂、下颌畸形等先天性缺损而不能吮乳。饥饿的仔兔吵闹不安，触摸时全身冰凉，并被推出窝外，被毛竖立，表现呆滞，行动不活泼，由濒死到死亡。

图5-11-1　饿死的仔兔

图5-11-2 冻死的仔兔

（3）仔兔受冷　初生仔兔对寒冷很敏感。由于兔舍温度太低；兔舍、兔笼有穿堂风、贼风；产仔箱垫料不够，或保暖性太差。尤其冬季、夜间最易受冷，头天看仔兔好好的，第二天清晨发现全窝仔兔发抖，有的已冻僵，甚至冻死（图5-11-2）。

（4）仔兔疾病　仔兔呼吸道病、黄尿病、脓毒败血症等而引起死亡。

【病理变化】饥饿的仔兔剖检后见到尸体消瘦，脱水。胃脏空虚或仅有少数乳块。肠道空虚，可能还有胎粪存在。受冷的仔兔肺脏表现充血，浆膜腔有多量渗出液，胃脏中有乳块存在，尸体不脱水。

【防控】提高初生仔兔的成活率，必须根据具体情况进行防控。

① 检查仔兔吃奶情况　仔兔出生后12小时内要检查仔兔吃奶情况，如果母兔乳头为苍白色，说明仔兔没吃到初乳。此时要及时让母兔哺乳，对于不喂奶的母兔要强制哺乳，将母兔四肢和头颈人工保定好，让仔兔自由吮乳。每日1次，一般经3～4次后，母兔可自行哺乳。如果检查母兔乳头有红点，而且仔兔安睡不动，呼吸均匀，腹部鼓胀红润，表明仔兔已吃到初乳。

② 对母兔产后无乳、少乳，或产仔过多，或因母兔有病而不能哺乳，可将仔兔或部分仔兔给产期相近的母兔带乳。仔兔混群之

前，先将母兔移笼数小时后再行哺乳。如无适当的带乳母兔，可用人工哺乳，在牛乳中加入适量酪酸钙。第1周龄，每千克鲜乳加37.5g酪酸钙，第2周龄，每千克鲜乳加42.0g酪酸钙，第3、4周龄，每千克鲜乳加48.5g酪酸钙。每日喂一次即可。

③ 为了解决初生仔兔受冷问题，最好使兔舍内夜间的温度保持在10℃以上，产箱内放置足够保暖性能好的垫料，或将产箱集中于保暖的小房间。如发现尚未冻死的仔兔，及时进行抢救。

④ 仔兔患黄尿病致死的救治。仔兔患黄尿病是因吃了患有乳房炎的母兔的乳汁而致。母兔分娩后服用复方新诺明半片，每天1次，连用3天，可预防母兔分娩后因泌乳过多、乳汁过稠而导致的乳房炎；对于已患乳房炎的母兔，禁止其哺乳，可把仔兔分到其他的窝内；已患病的仔兔可滴服庆大霉素，每日2次，每次3～5滴，连用3～5天。

第六章

代谢病和中毒病

一、佝偻病与软骨症

佝偻病是幼龄兔由于维生素D及钙、磷缺乏或饲料中钙、磷比例失调所致的一种骨营养不良性代谢病。软骨症是成年兔由于钙磷缺乏及二者的比例不当所引起的骨营养不良症，它包括骨质软化症和骨纤维性营养不良症。

【发病原因】本病的病因是长期单一饲喂含钙量高的饲料（谷草、红茅草、长期干旱的饲料）或含磷量高的饲料（麸皮、米糠、豆科种子或秸秆），导致一方含量过高而另一方含量不足，钙磷比例严重失调；或饲料中维生素D缺乏，幼兔断奶后不及时补充钙磷，可导致本病发生。兔舍光照不足，运动减少，饲草日照短，是本病重要的诱发因素。

【临诊症状】佝偻病病兔表现精神不振，嗜睡（图6-1-1），肚腹增大，食欲减少，四肢向外侧斜，身体呈匍匐状，凹背，不愿走动（图6-1-2）。四肢弯曲，关节肿大。严重的发展的前肢呈"X"形或"O"形，后肢外展呈"八"字状（图6-1-3），站立困难，以胸着地，前肢呈划水状。肋骨与肋软骨交界处出现"佝偻珠"。死亡率较低；软骨症病兔表现拔食自身被毛，血清钙含量较少，有的发生抽搐。肋骨和肋软骨连接处增大和骨间变宽等。

兔对饲料中高钙和高磷具有一定的耐受性。饲料中含4.54%钙和0.3%磷，将不影响兔生长发育增重或明显改变其繁殖能力。用高

图6-1-1 佝偻病病兔表现精神不振，嗜睡

图6-1-2 佝偻病病兔身体呈匍匐状，凹背，不愿走动

图6-1-3 严重的佝偻病病兔的后肢外展呈"八"字状

磷低钙（Ca ： P=0.5 ： 1）饲料饲喂兔1年半以上，能使兔的甲状旁腺增生肿大，血清中甲状旁腺激素活性升高。

【诊断】根据日粮配制不合理或其他诱发因素，出现肚腹增大，进行性嗜睡，四肢向外侧斜，肋骨与肋软骨交界处出现"佝偻珠"；肋骨和肋软骨连接处增大和骨间变宽等典型症状；检测饲料中的钙、磷；治疗性诊断，及补钙剂疗效明显，进行综合性诊断。

【防控】

（1）预防　在饲料中添加钙0.22% ～ 0.40%，磷0.22%。改善日粮组成，切忌单一饲喂，供给充足的钙、磷，比例要适当。饲料中按营养标准补充维生素D制剂。加强兔舍通风换气、温度适宜、干燥，有目的地增加兔日照时间，促进维生素D、钙的吸收和转化。

（2）治疗　维生素AD注射液，每次0.5 ～ 1mL，肌内注射，连用3 ～ 5天；维生素D_2胶性钙注射液，每次1000 ～ 5000单位，肌内注射，连用5 ～ 7天；鱼肝油1 ～ 2mL，磷酸钙1g，乳酸钙

0.5～2g，骨粉2～3g，内服，连用7～10天；10%葡萄糖酸钙注射液，每次0.5～1.5mL，每天2次，连用5～7天。

二、维生素A缺乏症

维生素A缺乏症是由维生素A或其前体胡萝卜素缺乏或不足所引起的一种营养代谢疾病，临诊上以生长发育受阻、上皮角化、干眼、夜盲症、繁殖机能障碍以及机体免疫力低下等为特征。

【发病原因】

（1）原发性（外源性）病因　各种青绿饲料包括发酵的青绿饲料在内，特别是青干草、胡萝卜、南瓜、黄玉米等都含有丰富的维生素A原（能转变成维生素A），如不喂这些饲料，即易患本病；棉籽、亚麻籽、萝卜、干豆、干谷、马铃薯、甜菜根中，几乎不含维生素A原，长期饲喂此类饲料，即造成缺乏；饲料中维生素A和红胡萝卜素被破坏，如暴晒、雨淋、发霉变质。生大豆和生豆饼中含的脂氧化酶可使维生素A破坏，即导致缺乏。

（2）继发性（内源性）病因　当幼兔患有慢性胃肠道病、球虫病和肝脏疾病时，均易继发本病；此外，矿物质（无机磷）、维生素（维生素C、维生素E）、矿物质（钴、锰等）缺乏或者不足，都能影响体内胡萝卜素的转化和维生素A的储存。

（3）诱发因素　饲养管理不良，兔舍污秽不洁、寒冷、潮湿、通风不良，过度拥挤，缺乏运动以及阳光照射不足等因素都可诱导发病。

【临诊症状】仔、幼兔生长发育缓慢，严重病兔体重减轻。时间拖长的自发运动减少，最后腿不愿运动。有时出现相似于寄生虫性中耳炎的症状：转圈，头转向一侧或两侧来回摇摆。严重病例，头倒向一侧或后仰，患兔本身没有恢复正常姿势的能力，或头颈缩起，四肢麻痹（图6-2-1），偶尔还可看到惊厥。成年兔最早出现眼的病变症状，角膜中央或中央附近出现模糊的白斑或白带（图6-2-2），在上下眼睑之间呈平行走向。角膜混浊、粗糙，并显得干燥。

眼睛周围积有干燥的痂皮样眼垢。球结膜的边缘部分可看到色素沉着，随后即发展为弥漫性角膜炎、虹膜晶状体炎（图6-2-3）、眼前房积液（图6-2-4）及永久性盲眼（图6-2-5）。

图6-2-1 维生素A缺乏症病兔的四肢麻痹

图6-2-2 维生素A缺乏症病兔的角膜出现模糊的白斑

图6-2-3 维生素A缺乏症病兔
的虹膜晶状体炎

图6-2-4 维生素A缺乏症病兔
的眼前房积液

图6-2-5 维生素A缺乏症造成永久性盲眼的病兔

　　母兔缺乏维生素A则表现不能受精繁殖卵子异常，不发生卵裂，在植入前即发生变性，引起繁殖力降低，即使能受精，并植入子宫，也会发生早期胎儿死亡和吸收、流产、死产或产出先天性畸形仔兔。处于维生素A缺乏临界状态的无症状母兔，其所产仔兔在出生时可表现正常，但在产后几周内出现脑积水和维生素A缺乏的其他症状。

【诊断】根据饲料中长期缺乏青饲料或维生素A含量不足；有发育、视力、运动、生殖等功能障碍症状；测定血浆中维生素A的含量，低于20～80μg/L为缺乏。

【防控】

（1）预防　切忌长期饲喂久储或变质饲料，并应及时控制球虫病。日粮中应经常补充豆科绿叶、绿色蔬菜、南瓜、胡萝卜和黄玉米等含胡萝卜素丰富的饲料，保证每天给兔供应维生素A每千克体重30单位。配合颗粒饲料中按营养标准补充维生素A。及时治疗肠道疾病和肝脏疾病。

（2）治疗　停喂久储和变质的饲料，在正常日粮中添加含胡萝卜素丰富的饲料；维生素A注射液，每千克体重440单位，肌内注射；内服或肌内注射鱼肝油制剂，群体治疗时，可将鱼肝油混入饲料（每千克饲料中添加2mL）；对症治疗，用麦芽粉、人工盐、陈皮酊等健胃药调整胃肠功能，促进消化吸收；眼有病变的可用3%硼酸溶液洗眼，然后滴入环丙沙星眼药水或涂抹红霉素眼药膏；继发肺炎时应及时治疗。同时还应注意补充维生素A不可过量，如果摄入量过高会引起中毒。

三、维生素D缺乏症

维生素D缺乏症是由于饲料中缺乏维生素D或光照不足引起的，以食欲减退、生长慢、骨发育不良为主要症状的一种营养代谢性疾病。

【发病原因】本病多发生在幼龄兔。饲料中维生素D含量不足、兔舍光照差、饲料中钙磷比例不当，幼兔在快速生长期间对维生素D的需求量急剧增加而供应不足，蛋白质缺乏及胃肠道疾病，维生素D的吸收量减少均可引起本病。

【临诊症状】病兔主要表现为食欲和饲料利用率降低，增重缓慢，生产性能下降，后期引起骨营养不良，呈现跛行、运动障碍，站立不稳（图6-3-1），甚至长骨弯曲（图6-3-2），关节肿大（图6-3-3），进一步发展成为佝偻病或软骨病。

图6-3-1 维生素D缺乏症的病兔呈现跛行、运动障碍，站立不稳

图6-3-2 维生素D缺乏症的病兔长骨弯曲

图6-3-3 维生素D缺乏症的病兔关节肿大

【诊断】通过病史调查、病因分析，饲料中缺乏维生素D，呈现跛行、运动障碍等典型症状，病理剖检骨变形、变软或变脆等，可进行综合诊断。

【防控】参见佝偻病与骨软症。

四、维生素E缺乏症

维生素E是又称生育酚，为脂溶性维生素，是一种抗氧化剂，在体内维持繁殖，抑制体内不饱和脂肪酸的过氧化，参与新陈代谢的调节，影响腺体和肌肉的活动。维生素E缺乏，可导致营养性肌肉萎缩、繁殖障碍，且往往与硒缺乏症并发。

【发病原因】饲料本身维生素E含量不足，加之维生素E化学性质极不稳定，易受到矿物质及不饱和脂肪酸的氧化破坏，使维生素E失去活性。因此，长期喂含高钙、高铜、高锌饲料和不饱和脂肪酸的饲料，容易引起维生素E缺乏症。由于饲料中缺乏硒，使之对维生素E的需要量也相对增高，出现相对的维生素E缺乏症。特别是大量饲喂含硒量少而不饱和脂肪酸含量多的青绿豆科植物时更易出现。饲料中含过量不饱和脂肪酸（如猪油、豆油等）酸败产生过氧化物，促进维生素E的氧化。患肝脏疾病（如肝球虫病）时，由于维生素E储存减少，而利用和破坏反而增加，也易发生本病。

【临诊症状】患兔先是肌肉僵直（图6-4-1），随后进行性肌无力和萎缩，对饲料的消耗减少，体重下降，最后衰竭而死亡。繁殖母兔维生素E缺乏时，受胎率降低、发生流产或死胎增多，或新生仔兔死亡率高。公兔睾丸损伤，精子产生减少。幼兔的临诊过程分为3个时期：第一期表现肌酸尿、采食减少、增重停止；第二期部分病兔表现前肢僵直，头稍回缩，有时保持数小时，但有的兔无明显变化，此时体重急剧下降，食欲逐渐废绝；第三期病兔食欲完全废绝，营养极度不良，全身衰竭。有的病兔死亡前往往垂死挣扎，脚迅速撑起，企图保持竖直姿势，但终因肌肉无力，全身呈松弛状态，持续1～4天后死亡。有的神经系统受损而出现类似中耳炎的症状，转圈、共济失调、伏卧时头弯向一侧，最后衰竭死亡。

【病理变化】剖检可见骨骼肌、心肌、椎旁肌群、咬肌和后躯肌肉萎缩并极度苍白，坏死肌纤维有钙化现象。腰肌群可见小的苍白点、出血条纹和黄色坏死斑，心室壁和乳头肌有局限性灰色斑。肝脏坏死，睾丸变性萎缩。

图6-4-1　患维生素E缺乏症的病兔呈现肌肉僵直

【诊断】病兔出现神经症状、运动障碍、生殖功能下降；脑软化、肌肉变性、渗出性素质；调查饲养管理，饲料中缺乏维生素E或缺硒，或长期饲喂腐败变质饲料。根据上述结果综合诊断为维生素E缺乏症。

【防控】

（1）预防

① 经常给兔饲喂如大麦芽、苜蓿、胡萝卜等青绿多汁饲料，或补充维生素E添加剂。

② 避免喂含不饱和脂肪酸酸败饲料；对高矿物质和高不饱和脂肪酸饲料，要提高维生素E的添加量。

③ 及时治疗兔肝脏疾病，如兔肝球虫病等。

④ 饲料不能长久储藏也是预防本病的有效措施。

（2）治疗　对已发生维生素E缺乏症的家兔，按每天每千克体重0.32～1.4mg在饲料中补加维生素E，自由采食。严重病例，肌内注射维生素E制剂，每次1000单位，每天2次，连用2～3天。另外，饲料中添加含硒微量元素添加剂，有辅助治疗作用。

五、维生素K缺乏症

维生素K缺乏症是由于饲料中维生素K缺乏引起的营养代谢性疾病。维生素K缺乏症以出血、血液凝固不良、流产为主要症状。

【发病原因】家兔长期笼养而青饲料供应不足会出现原发性病例。条件性缺乏症病例见于下列情况：饲料中含有拮抗维生素K的物质（如霉菌毒素、水杨酸等）；肠道微生物合成维生素K的能力受到抑制（如长期大量使用广谱抗生素）；肠道吸收维生素K的能力下降（如胆汁分泌不足、球虫病、长期服用矿物油等）。

【临诊症状】维生素K参与凝血因子 I、VII、IX 和 X 的生物合成，维生素K缺乏时，血液中这些凝血因子减少，易发生出血，血液不易凝固（图6-5-1）。部分妊娠母兔发生流产。

图6-5-1 因维生素K缺乏所引起的兔子发生便血，且血液不易凝固

【诊断】当饲料中长期缺乏维生素K，临诊出现典型的出血、凝固不良时，可综合诊断为维生素K缺乏症。

【防控】

（1）预防　应注意不间断第保证青绿饲料的供给；控制磺胺和广谱抗生素的使用时间及用量，及时治疗胃肠道及肝脏疾病，对长期伴有消化扰乱的家兔，应在日粮中适当补充维生素K。

（2）治疗　可应用维生素K_3治疗，剂量为每次1～2mg，肌内注射，每天2～3次，连用3～5天；或按每千克饲料中添加3～8mg。当应用维生素K_3治疗时，最好同时给予钙剂。对吸收障碍的病例，在口服维生素K制剂时，须同时服用胆盐。

六、维生素B族缺乏症

B族维生素缺乏症是饲料中的B族维生素不足引起的一种营养代谢病。多见于幼兔。

B族维生素包括维生素B_1（硫胺素）、维生素B_2（核黄素）、维生素B_3（烟酸）、维生素B_5（泛酸）、维生素B_6（吡哆酸）、维生素B_9（叶酸）、维生素B_{12}（钴维生素）、维生素H（生物素）、维生素

PP（尼克酰胺）和胆碱等10多种水溶性维生素（临诊上主要有维生素B_1、维生素B_2、维生素B_6和维生素B_{12}等会引起缺乏症）。它们是有着不同结构的化合物，作为酶的辅酶而参与动物体内物质代谢。它们协同作用，调节新陈代谢，维持皮肤和肌肉的健康，增进免疫系统和神经系统的功能，促进细胞生长和分裂（包括促进红细胞的产生，预防贫血发生）。一旦缺乏某一种会引起某一种机能发生障碍，发病时常呈综合症状。B族维生素广泛存在于青饲料、酵母、米糠、麸皮以及发芽谷物中。此外，动物肠道中微生物也能合成B族维生素，一般不会缺乏。

【发病原因】本病的病因主要是长期单一饲喂缺乏B族维生素的饲料。饲料久储、霉变，B族维生素受到破坏。天气闷热、应激、磺胺药的应用等因素，使B族维生素的消耗过大。胃肠炎、消化障碍、吸收不良，使B族维生素吸收减少；肝脏疾病，则影响B族维生素转化，造成利用障碍，从而诱发本病。

【临诊症状】B族维生素缺乏症的共同症状是消化机能障碍、消瘦、毛乱无光、少毛、脱毛、皮炎、跛脚、神经症状、运动机能失调。

（1）维生素B_1缺乏症 主要表现为厌食和多发神经性症状，如食欲不振、采食量下降、运动失调、软弱瘫痪、惊厥、昏迷，最后死亡。

（2）维生素B_2缺乏症 吃草少，生长慢，腹泻，渐进性消瘦，生产力下降。

（3）维生素B_6缺乏症 耳朵周围出现皮肤增厚和鳞片（图6-6-1），鼻端和爪出现疮痂，眼睛发生结膜炎。严重的全身皮肤也会出现增厚及鳞片（图6-6-2）。患兔骚动不安，瘫痪，最后死亡。甚至引起造血组织血细胞生成减少，轻度贫血，凝血时间延长，尿中黄尿酸量增多。

（4）维生素B_{12}缺乏症 厌食，腹泻，贫血，营养不良，肌肉衰弱，生长停止。

图6-6-1 维生素B₆缺乏症病兔的耳朵周围出现皮肤增厚和鳞片

图6-6-2 维生素B₆缺乏症病兔的全身皮肤出现增厚和鳞片

【诊断】结合病史、典型症状以及饲料检测结果，可进行综合诊断。

【防控】

（1）预防　除了在饲料添加青饲料、酵母、米糠、麸皮外，在每吨饲料中添加维生素B_1 100～300mg，维生素B_2 1.5～3g，维生素B_{12} 2～5mg，烟酸10g，叶酸4mg，可有效预防本病发生。

（2）治疗　根据病因不同，有针对性地补充各种维生素。维生素B_1 0.25～0.5mg/kg；维生素B_2 2～4mg/kg；维生素B_{12} 1～2μg/kg；维生素PP 20～30mg/kg；叶酸25～50μg/kg，肌内注射或内服，每日1次，连用7天。

七、微量元素缺乏症

微量元素缺乏症是指饲料中缺乏铁、镁、铜、锰、锌、碘、硒等微量元素而引起的各种营养性疾病。

【发病原因】饲料中某种或多种微量元素添加不足。

【临诊症状与病理变化】

（1）铁缺乏症　发病兔主要表现为贫血。临诊还表现为生长缓慢、食欲减退、异嗜（图6-7-1）、嗜睡、可视黏膜变白、呼吸频率

食毛症：异食癖　补充些微量元素和维生素

图6-7-1　铁缺乏症造成的异食癖

加快、抗病力弱。

（2）镁缺乏症 发病症状与兔的年龄和饲料中镁含量有关，年龄越小镁含量越少，发病越严重。表现被毛失去光泽，背部、四肢和尾巴脱毛。青年兔表现急躁，心动过速，生长停滞，厌食和惊厥，最后心力衰竭而死亡。母兔镁缺乏仍能交配妊娠，不久胎儿死亡、吸收。剖检变化，有的肾脏上有出血斑，其他脏器基本正常。

（3）铜缺乏症 表现为被毛褪色和脱毛、皮肤病，以及低色素性小红细胞性贫血。心脏和肝脏细胞色素氧化酶活性降低，肝含铁量增多。患兔可发生骨骼断裂，桡骨和耻骨弯曲，长骨骨化中心增厚，骨骼后板粗糙不平。心肌出血广泛性钙化和纤维化。一般饲料中含铜 $3 \sim 6mg/kg$，即能满足生长发育兔的需要。

（4）锰缺乏症 患兔出现生长发育不良，前肢弯曲，骨骼变脆易折，其重量、密度、长度和灰分含量都减少。

（5）锌缺乏症 患病妊娠母兔分娩时间延长、胎盘停滞，仔兔多数难以存活。幼兔饲料中缺锌，生长发育停滞，部分被毛脱落，皮肤出现鳞片（图6-7-2）。口周围肿胀、溃疡（图6-7-3）、疼痛，下颌和颈部被毛变湿，被毛黏结（图6-7-4）。幼兔成年后繁殖能力丧失。

图6-7-2 锌缺乏症造成的皮肤出现鳞片

图6-7-3 锌缺乏症造成兔口周围肿胀、溃疡

图6-7-4 锌缺乏症造成兔下颌和颈部被毛变湿，被毛黏结

（6）碘缺乏症 缺碘的兔，甲状腺肿大，病兔无行为改变，只是代谢率降低，产热量减少。

（7）硒缺乏症 生长发育停滞，营养不良，贫血，运动障碍，背腰弓起，四肢僵硬，共济失调，心律不齐，呼吸困难，并伴有消化机能紊乱。剖检可见骨骼肌变性、坏死、肝营养不良，以及心、肝纤维变性为主。幼兔2～5月龄为发病高峰期。我国西北、西南、东北等地区均为缺硒地区，如不注意添加硒，易发生缺硒症。

【诊断】根据病史和典型症状，配合测定饲料或动物组织微量元素的含量进行综合诊断。

【防控】

（1）预防 加强饲养管理，饲喂富含多种维生素和微量元素的饲料。饲料中的糖和蛋白质含量要适宜，过多或过少者会降低微量元素的利用率。防止并及时治疗影响微量元素吸收的消化道疾病。缺硒、锌、锰等地区，在种植饲料地施撒硒、锰、锌等微量元素制剂，以提高饲料的微量元素含量。

（2）治疗 根据微量元素缺乏的种类不同，有针对性地补充相应的微量元素。发病后要经过确诊后再用药，缺什么及时补充什么。

① 铁缺乏症，补铁可采用口服铁剂或注射铁剂的方法，可将硫酸亚铁配成0.2%～1%水溶液口服，肌内注射的铁剂有葡聚糖铁或葡聚糖铁钴注射液等。

② 镁缺乏时，对患兔可肌内注射10%硫酸镁5～10mL，或5%硫酸镁30～50mL内服。

③ 铜缺乏症，一般选用硫酸铜口服，视病情轻重，每周1次，连用3～5周。也可用甘氨铜皮下注射，或将硫酸铜按0.5%比例混于食盐中，使病兔舔食。铜与钴合用，效果更好。

④ 锰缺乏时，在日粮或饮水中添加锰制剂。可在日粮中补充硫酸锰；或饮水补锰，20L水中加1g高锰酸钾，让其自由饮水。

⑤ 锌缺乏症，补锌既可采取调整日粮中含锌量法方法，也可口服硫酸锌或注射碳酸锌制剂。

⑥ 碘缺乏症，补碘是治疗本病的根本措施。可口服碘化钾、碘

化钠或复碘液（含碘5%，碘化钾10%），亦可用含碘盐。

⑦ 硒缺乏症，饲料中注意加0.5%的植物油和硒制剂；内服维生素E，每千克体重0.6～1.0mg，每日1次。

八、兔异食癖

异嗜癖是兔一种顽固性的味觉错乱的新陈代谢障碍疾病，临诊上有毛球病、吞食仔兔癖和食足癖。

（一）毛球病

请参考第三章毛球病的内容。

（二）吞食仔兔癖

本病是一种新陈代谢紊乱和营养缺乏综合征，表现为一种病态的食仔恶癖。

【发病原因】日粮营养不平衡，饲料中缺乏食盐、钙、磷、蛋白质或B族维生素等。母兔产前、产后得不到充足的饮水，口渴难忍。产仔时母兔受到惊扰以及冷的刺激；产箱、垫草或仔兔带有异味，垫草发霉，有人汗臭、香脂味，或发生死胎时死仔未及时取出等；初产母兔产道狭窄，产仔时疼痛；产后无乳，仔兔咬损乳头；催产素用量过大，母兔产道受损；人为更换仔兔或仔兔寄养过晚，被母兔认出等，均可诱发母兔吞食仔兔。初产母兔较经产母兔发病率高。

【临诊症状】母兔吞食刚生下或产后数天的仔兔。有些将胎儿全部吃掉，仅发现笼底或巢箱内有血迹（图6-8-1），有些则食入部分肢体，笼内发现肢体不全的仔兔（图6-8-2）。

【诊断】初产母兔易发。有明显的食仔行为。

【防控】

（1）预防　针对发病原因，加强饲养管理，怀孕期保证充分的营养，给予全价配合日粮，增加蛋白质、矿物质、维生素、微量元素的量，饮水要充足。产箱要事先消毒，垫草、棉花等物切勿带异

图6-8-1 发现笼底有血迹，而胎儿全部不见了

图6-8-2 笼内发现肢体不全的仔兔

味。产后给予多汁青绿饲料，饮麸皮水、米汤、1%的温淡盐水或温的口服补液盐溶液；及时清理污毛、死胎。保持安静，不打扰其分娩。检查仔兔时，必须洗手后（不能涂擦香水等化妆品）或戴上消毒手套进行，避免将异味带入窝内。寄养仔兔要早，并涂擦母兔尿液，催产素用量适当。同时加强产前、产后的护理，定时监视哺乳。

（2）治疗　目前尚无有效治疗方法。对有吞食仔兔恶癖者，应立即将母仔分开，仔兔人工哺乳或寄养，连续两窝以上出现食仔的母兔应予以淘汰。据报道，母兔喂适量的熟猪肝或熟猪肉，有一定治疗效果。

（三）食足癖

本病是由于营养失调或其他原因致使病兔经常啃食脚趾皮肉和骨骼的现象。

【发病原因】饲料营养不平衡，患寄生虫病，内分泌失调。

【典型症状】家兔不断啃食脚趾尤其后脚趾，伤口经久不愈。严重的露出趾节骨（图6-8-3），有的感染化脓或坏死。

【诊断】青、成年兔多发，獭兔易发。体内外寄生虫病、内分泌失调的兔易发。患兔不断啃咬脚趾，流血、化脓，长久不能愈合。

图6-8-3　食足癖家兔啃食自己的后脚趾露出趾节骨

【防控】

（1）预防　配制合理的饲料，注意矿物质、维生素的添加，及时治疗体内外寄生虫。

（2）治疗　目前无有效治疗方法，可对症治疗。发生本病时除改善饲料配合外，可对患部及时进行外科处理。

九、霉菌毒素中毒

霉菌毒素中毒是指家兔采食了发霉饲料而引起的中毒性疾病，临诊上以消化障碍和神经机能紊乱为特征。各种年龄的兔均可发生。本病是目前危害养兔生产的一类重要疾病。

【发病原因】霉菌广泛分布于自然环境中，作物生长过程中可能污染多种霉菌，作物收获后由于加工、运输、保管不当也易污染霉菌，污染饲草、饲料的霉菌在适宜的温度（28℃左右）和湿度（80%～100%）下就会大量生长繁殖，霉菌在其代谢过程中产生毒素，主要有烟曲霉毒素、黄曲霉毒素、赤霉菌毒素、杂色曲霉毒素、镰刀菌毒素等，家兔采食了被这些霉菌毒素污染的饲草、饲料后，即可引起霉菌毒素中毒。烟曲霉菌的营养菌丝有隔膜；分生孢子梗直立，顶囊呈倒烧瓶状（图6-9-1），直径为20～30μm，与分生孢子梗一样带绿色（图6-9-2）。分生孢子呈球形或近球形，淡绿色，表面有细刺，直径为2～3μm。在察氏培养基上28℃培养，最初为白色绒毛状菌落，形成孢子时呈蓝绿色，进而变成烟绿色。

【临诊症状】 因霉菌种类不一，其症状也各不相同。

（1）急性中毒　多表现为急性胃肠炎及神经紊乱，食欲废绝，流涎、呕吐，初便秘后下痢，并附有黏液或血液，有的出现腹痛，后肢无力，精神沉郁或兴奋，肌肉痉挛或麻痹（口唇麻痹等），头颈软垂，前肢趴卧不能支撑，后肢瘫痪不能站立（图6-9-3）。心跳加快，呼吸急促，体温下降，数小时或2～3天内死亡。

图6-9-1 烟曲霉菌的分生孢子顶囊呈倒烧瓶状

图6-9-2 带绿色的分生孢子顶囊

（2）慢性中毒　较为多见，由于症状不明显，常不易发觉。表现精神萎靡不振，反应淡漠（图6-9-4），食欲渐减，消化机能紊乱，便秘、腹泻交替出现，逐渐瘦弱，口内不洁，舌苔少光，舌底青黄，结膜黄白不洁。仔兔体弱，死亡率高。妊娠母兔常引起流产或死胎。发情母兔不受孕，公兔不配种。

图6-9-3 霉菌毒素急性中毒病兔表现头颈软垂，前肢趴卧不能支撑，后肢瘫痪不能站立

图6-9-4 霉菌毒素慢性中毒病兔表现精神萎靡不振，反应淡漠

（3）黄曲霉毒素中毒 是一种极为常见的霉饲料中毒病，表现厌食、消瘦、贫血、委顿、流产等。

【病理变化】急性中毒，肝脏肿胀，弥漫性出血和坏死（图6-9-5）；肠道黏膜出血，腿部、胸部肌肉出血（图6-9-6）；肾脏肿大、苍

图6-9-5 霉菌毒素急性中毒病兔的肝脏肿胀，呈现弥漫性出血和坏死

图6-9-6 霉菌毒素急性中毒病兔的腿部肌肉出血

白。慢性中毒，肝脏呈黄色，表面不平，白色点状坏死灶（图6-9-7）。腹腔内有淡黄色积液，皮下有胶冻样物。肺脏充血、出血，肝样病变，并有散在米粒大灰白色斑点（图6-9-8）。盲肠积有大量硬粪，肠壁菲薄，浆膜有的有出血斑点（图6-9-9）。

图6-9-7 霉菌毒素慢性中毒的肝脏呈黄色，表面不平，白色点状坏死灶

图6-9-8 霉菌毒素中毒的肺脏呈现充血、出血，肝样病变，并有散在米粒大灰白色斑点

图6-9-9 霉菌毒素中毒病兔的盲肠积有大量硬粪，
肠壁菲薄，浆膜有出血斑点

【诊断】根据采食发霉饲料饲草的病史，临诊症状有消化障碍、胃肠炎和神经症状，解剖发现肝脏肿大、出血、硬化和变性，肺脏充血、出血，肝样病变，并有散在米粒大灰白色斑点等病变，实验室真菌培养及毒素检验呈阳性等进行综合诊断。

【防控】

（1）预防　严禁饲喂发霉变质饲料，是预防本病的根本措施。在饲料收集、采购、加工、保管等环节上要加以监控。对饲喂霉败饲料的危害性要加强宣传教育工作。为减少损失，在利用轻微霉败饲料饲喂家兔时，应先在日光下晒干然后用扬净、蒸煮的步骤加工处理，也可用石灰水或0.1%漂白粉水浸泡减毒。以上处理过的饲料应与好饲料掺和，其含量最多不超过10%，最好先给一组动物试喂，不要用此饲料饲喂泌乳、妊娠和生长期动物。霉稻草可用2%石灰水水泡14小时，然后用清水冲净即可饲喂。可疑饲料也可加入防霉制剂，如添加丙酸、山梨酸及其盐类，富马酸二甲酸、葡萄糖氧化酶等。

（2）治疗 本病尚无特效解毒方法。疑为中毒时，应立即停喂发霉饲料，饥饿一天，而后换喂优质饲料和清洁饮水，同时采取对症治疗。急性中毒，可用0.1%高锰酸钾溶液或1%～2%碳酸氢钠溶液洗胃、灌肠，然后内服5%硫酸钠溶液50mL或人工盐2～3g；或稀糖水50mL，外加维生素C2mL；或绿豆汤等；或将大蒜捣烂喂服，每兔每次2g，每日2次。静脉注射5%葡萄糖生理盐水50～100mL，肝泰乐1～2mL，每天1～2次；或氯化胆碱70mg、维生素B_{12}5mg、维生素E10mg，1次口服。如出现肌肉痉挛或全身痉挛，可肌内注射盐酸氯丙嗪，每千克体重3mg，或静脉注射5%的水合氯醛，每千克体重1mL。也可试用制霉菌素、两性霉素B等抗真菌药物治疗。救治无效者，则予以淘汰。

十、有机磷农药中毒

有机磷农药中毒是由于家兔接触、吸入某种有机磷农药或误食有机磷农药污染的饲草、饲料或驱虫时用药不当所致，以体内胆碱酯酶钝化、乙酰胆碱积聚和神经生理机能紊乱为主的一种中毒病。临诊以瞳孔缩小、肌纤维震颤和中枢神经系统紊为特征。

【发病原因】主要是由于家兔误食了喷洒有机磷农药不久的蔬菜、农作物、青草等，或误食拌施过有机磷农药的谷物种子而造成中毒。用有机磷农药（如敌百虫等）治疗家兔体内外寄生虫病时，不按规定的方法和剂量驱除而引起中毒。

【临诊症状】家兔有机磷中毒的一个典型症状是中毒兔瞳孔缩小。临诊表现是先兴奋后抑制，全身肌肉痉挛，角弓反张，运动障碍，站立不稳（图6-10-1），倒地后四肢呈游泳状划动，迅速死亡。流涎吐沫，腹痛不安，肠音高、连绵不断，粪稀如水，便中带血。高度呼吸困难，张口喘气，肺部听诊有湿啰音。体温正常或偏低，全身出汗，口、鼻、四肢末端发凉，瞳孔缩小，眼球震颤，可视黏膜发绀，脉细弱无力。最后陷于昏迷和呼吸中枢麻痹而死亡。轻度中毒病例只表现流涎和腹泻。

图6-10-1 有机磷中毒病兔表现运动障碍，站立不稳

图6-10-2 有机磷中毒病兔的膀胱积尿

【病理变化】剖检可见气管和支气管积有大量黏液，肺水肿。心脏淤血。肝脏、肾脏肿胀，有小出血点。胃内容物有大蒜味，胃黏膜充血、出血、肿胀，易脱落，膀胱中充满尿液（图6-10-2）。

【诊断】根据采食被有机磷农药污染的饲料饲草的病史；典型的临诊症状如痉挛，出汗，口鼻四肢末端发凉，口吐白沫，瞳孔缩小等；胆碱酯酶活力在60%以下者，可做出诊断。

【防控】

（1）预防　认真执行《中华人民共和国农药管理条例》和高毒

农药禁限用的有关规定，建立和健全有机磷农药的购销、运输、保管和使用制度。不要用喷洒过有机磷农药的农作物、牧草、野草、蔬菜喂兔。用有机磷药物进行体表驱虫时，应掌握好剂量与浓度，并加强护理，严防舔食，并注意用药后的表现。此外，研制高效、低毒、低残的新型有机磷农药。

（2）治疗　有机磷农药中毒后必须首先立即实施特效解毒，其次防止毒物继续吸收，同时还要进行对症治疗。

① 实施特效解毒，需同时用胆碱脂酶复活剂和乙酰胆碱对抗剂，才有确实疗效。胆碱脂酶复活剂，常用的有解磷毒、氯磷定、双解磷、双复磷等。解磷定（或双复磷）每千克体重20～40mg，维生素 C 25mg 和10%葡萄糖注射液50mL，混合静脉注射，每日2～3次，连用2～3天。乙酰胆碱对抗剂，常用硫酸阿托品，应用0.1%硫酸阿托品，每只兔皮下注射或肌内注射1～2mL，经1～2小时症状未见减轻的，可减量重复应用，直到出现所谓"阿托品化"状态（即口腔干燥，出汗停止，瞳孔散大，心跳加快等）；"阿托品化"之后，应每隔3～4小时皮下或肌内注射一次一般剂量阿托品。中毒严重时以1/3剂量缓慢静脉注射，2/3剂量皮下注射。此外，山莨菪碱（654-2）和樟柳碱（703）的药理作用与阿托品相似，对有机磷农药中毒有一定疗效。

② 防止毒物继续吸收。停用可疑饲料和饮水；经皮肤沾污的可用清水、生理盐水、5%石灰水、5%碳酸氢钠水、0.5%氢氧化钠液、0.1%高锰酸钾水或1%肥皂水洗刷皮肤；经消化道中毒的，可用2%～3%碳酸氢钠液或食盐水洗胃，并灌服活性炭。但须注意，敌百虫中毒不能用碱液（肥皂水、碳酸氢钠水）洗胃和清洗皮肤，否则会转变成毒性更强的敌敌畏。药物不明时，最好用清水冲洗。经消化道吸收的要洗胃，洗胃液同上。

③ 对症治疗。治疗过程中特别注意保持患病动物呼吸道的通畅，防止呼吸衰竭或呼吸麻痹。肺水肿时，应用高渗剂减轻肺水肿，并同时应用兴奋呼吸中枢的药物（如樟脑等）。有胃肠炎时应抗菌消炎，保护胃肠黏膜。兴奋不安时，用镇静剂。用三棱针或小

宽针刺入尾尖和耳尖，放血少许，同时用葡萄糖、生理盐水输液。

十一、硝酸盐和亚硝酸盐中毒

硝酸盐和亚硝酸盐中毒是动物摄入过量含有硝酸盐或亚硝酸盐的植物或饮水，引起的以皮肤、黏膜发绀和呼吸困难为特征的一种中毒病。本病发生于各种家畜。

【发病病因】白菜、油菜、菠菜、芥菜、韭菜、甜菜叶、牛皮菜、萝卜叶、南瓜藤、苜蓿等青绿植物，是喂兔的好饲料，但又都含有数量不等的硝酸盐。亚硝酸盐为硝酸盐在硝化细菌的作用下，还原为氨的过程中的中间产物。硝化细菌广泛分布于自然界中，适宜的生长温度为20～40℃之间，青绿饲料堆放过久发酵腐熟，硝酸盐可转化为亚硝酸盐，毒性大大提高，而引起亚硝酸盐中毒。本病一般以青饲料为主时多发，气候温热的夏秋季多发。也可发生于以工业盐取代食盐添加饲料时。

【临诊症状】患兔剧烈不安，流涎或口吐白沫，腹泻，可视黏膜发绀；严重时，口、鼻、耳均呈现紫色（图6-11-1），肌肉震颤，

图6-11-1 硝酸盐和亚硝酸盐中毒病兔表现口、鼻均呈紫色

行走不稳，时而抽搐，时而昏睡，呼吸困难，卧地不起。体温正常或降低。重者因窒息而死亡。

【病理变化】血液呈深褐色酱油状，凝固不良；肺脏充血，水肿；心外膜有点状出血（图6-11-2）；胃肠道充血、出血和黏膜脱落。有的肝脏、脾脏和肾脏肿大或充血。

【实验室毒物检验】采集兔采食过剩余饲料或胃内容物、呕吐物等，加蒸馏水浸泡，过滤，取滤液适量于试管，加入稀硫酸1～2滴使之酸化，再加入10%高锰酸钾1～2滴，如含亚硝酸盐，则高锰酸钾被还原而迅速褪色，反之则为阴性。

【诊断】根据有采食硝酸盐或亚硝酸盐的病史；临诊症状表现采食后发病急，表现剧烈不安、流涎、吐沫、腹泻、呼吸困难、黏膜发绀，体温多降低，采食多的症状严重；解剖血液呈深褐色酱油状，凝固不良，胃肠黏膜出血，肺部水肿；再结合实验室毒物检验，亚硝酸盐呈阳性即可诊断。

图6-11-2 硝酸盐和亚硝酸盐中毒病兔血液呈深褐色酱油状，凝固不良；肺脏充血，水肿；心外膜有点状出血

【防控】

（1）预防　本病预防要注意喂兔的青绿饲草，收割后应摊开敞放，不要露天堆积、日晒雨淋，如已发热不应再喂。接近收割期曾用硝酸盐化肥和除莠剂的植物和污染的水不要给兔饮食，以免发生中毒。已腐败、变质的饲料不能喂兔，兔在饲喂青绿饲料时，要添加适量碳水化合物。对已经中毒的病兔，应迅速抢救。

（2）治疗　小剂量的美蓝使高铁血红蛋白还原成血红蛋白，故可作为亚硝酸盐中毒的特效解毒药。1%～2%美蓝（亚甲蓝）按每千克体重0.1～0.2mL，肌内注射或静脉注射。也可用甲苯胺蓝，剂量按千克体重每5mg制成5%溶液静脉注射，也可用于肌内注射或腹腔注射。同时，采取强心升压、兴奋呼吸中枢等对症疗法。还可同时给予大剂量维生素C静脉注射和静脉滴注高渗葡萄糖以增强疗效。此外还可以采用放血等疗法。

十二、氢氰酸中毒

氢氰酸中毒是指兔采食富含氰苷的饲料引起的以呼吸困难、黏膜鲜红、肌肉震颤、全身惊厥等组织性缺氧为特征的一种中毒病。

【发病病因】多种饲草饲料均含有较多氰苷，如木薯、高粱及玉米的鲜嫩幼苗（尤其是再生苗），亚麻子及机榨亚麻子饼（土法榨油时亚麻子经过蒸煮则氰苷含量少），豆类中的海南刀豆、狗爪豆，蔷薇科植物如桃、李、梅、杏、枇杷、樱桃的叶和种子，牧草中的苏丹草、约翰逊草和白三叶草等。当饲喂不当时引起兔中毒。氰苷本身无毒，但当含有氰苷的植物被动物采食后，在有水分和适宜的温度及植物体内所含脂解酶的作用下，可产生氢氰酸，导致动物中毒的物质是氰离子。本病一般在饲喂青饲料较多，气候温热的夏秋季节多发。

【临诊症状】动物通常在采食含氰苷植物的过程中突然发病或采食后15～20分钟内出现症状。表现腹痛不安，呼吸加快，肌肉震颤，全身痉挛（图6-12-1），可视黏膜鲜红，流出白色泡沫状唾液；先兴奋，很快转为抑制，呼出气有苦杏仁味，随后全身极度衰弱无力，行走不稳，突然倒地，体温下降，肌肉痉挛，瞳孔散大，反射减少或消失，心动徐缓，呼吸浅表，很快昏迷而死亡。闪电型病程，一般不超过2小时，最快者3～5分钟死亡。

【病理变化】剖检可见血液鲜红色，凝固不良；各组织器官的浆膜和黏膜，特别是心内外膜，有斑点状出血；肺脏淡红色，水肿（图6-12-2），气管和支气管内充满大量淡红色泡沫状液体；切开胃可闻到苦杏仁味，胃黏膜易于脱落。

图6-12-1 氢氰酸中毒病兔表现腹痛不安，呼吸加快，肌肉震颤，全身痉挛

图6-12-2 氢氰酸中毒病兔剖检可见血液鲜红色，凝固不良；肺脏淡红色，水肿

【诊断】根据采食氰苷植物的病史，起病的突然性，呼吸极度困难且可视黏膜呈鲜红色和神经机能紊乱等典型临诊症状，解剖可见血液鲜红色、凝固不良、肺水肿，胃内容物有苦杏仁味等病理变化，可做出诊断。

【防控】

（1）预防　预防本病最有效的措施是禁止饲喂玉米、高粱幼苗，尤其是二茬苗，以及亚麻籽饼、桃、李、杏叶等含氰苷的饲料。如果饲喂，最好放于流水中浸渍24小时或漂洗后再加工利用。如果新鲜饲喂，可适量配合干草同喂。

（2）治疗　一旦发生中毒，立即更换饲料，停喂富含氰苷的植物。治疗本病的特效解毒剂是亚硝酸钠和硫代硫酸钠，必须两药联用。发病后立即用1%亚硝酸钠，兔2～3mL，静脉注射；随后再静脉注射10%硫代硫酸钠溶液1～5mL。也可用1%～2%美蓝（亚甲蓝）按每千克体重0.1～0.2mL，肌内注射或静脉注射。强心、兴奋呼吸中枢：10%安钠咖1～2mL，肌内注射或静脉注射；回苏灵2mg，配入适量的糖盐水中，静脉注射。

十三、棉子与棉子饼粕中毒

棉子与棉子饼粕中毒是指动物长期或大量摄入含游离棉酚的棉子或棉子饼粕引起以出血性胃肠炎、全身水肿、血红蛋白尿和实质器官变性为特征的一种中毒病。

【发病原因】棉子与棉子饼粕中含有有毒物质游离棉酚，游离棉酚的含量与棉子品种、产地、棉子加工工艺有很大关系，以冷轧取油后的棉子饼粕含毒量大。家兔采食含游离棉酚的棉子与棉子饼粕，即可发生慢性中毒。生长发育快的青年兔和怀孕兔需要蛋白质量大，吸收毒蛋白质多，因而中毒的机会也多。

【临诊症状】病初精神沉郁，食欲减退，有轻度的震颤。继而出现明显的胃肠功能紊乱，病兔食欲废绝，先便秘后下痢，粪便中常混有黏液或血液（图6-13-1）。可视黏膜发黄以致失明，体温正常或略升高。脉搏疾速，呼吸迫促，尿频，有时排尿带痛，尿液呈红色（图6-13-2）。严重者，呻吟，磨牙，抽搐，以头撞地，尖叫（图6-13-3），心力衰竭而死亡。母兔屡配不孕，流产，胎儿水肿、出血，颤抖，先天性畸形（歪嘴、瞎眼、缺肢等）。公兔精子活力降低。

图6-13-1 病兔的粪便中常混有黏液或血液

图6-13-2 病兔的尿呈红色

图6-13-3 棉子与棉子饼粕中毒病兔以头撞地，尖叫

图6-13-4 棉子与棉子饼粕中毒病兔膀胱积尿

【病理变化】剖检可见胃肠道呈出血性炎症，胃黏膜严重脱落。肝脏花斑状肿大。肾脏肿大、水肿，皮质有点状出血。膀胱积尿（图6-13-4）。肺脏有出血点。胸腔、腹腔、心包积液（图6-13-5）。实验室检查，尿蛋白阳性，尿沉渣中可见肾上皮细胞及各种管型。

【诊断】根据长期采食棉子或棉子饼粕的病史；出血性肠炎、呼吸迫促、尿液呈红色及神经症状的临诊表现；剖检可见实质器官肿大、结缔组织水肿、体腔积液等病理变化，可做出诊断。

【防控】

（1）预防　平时应严格限量饲喂棉子与棉子饼粕，一般不超过饲料总量的4%，孕畜、幼畜不用。有条件时最好进行脱毒处理，可将生棉子或棉子饼粕加热（炒、蒸、煮），使棉酚变性失去毒性，也可用0.1%硫酸亚铁溶液浸泡24小时，用清水冲洗干净后再喂。喂全价饲料，当日粮营养全面时，动物对棉酚的耐受力增大，要注意蛋白质、矿物质和维生素的补充，棉子饼粕最好与豆粕、鱼粉等其他蛋白饲料混合应用，以防中毒。

（2）治疗　治疗应遵循解除病因，排出毒物，补液利尿，防止继发感染的原则。

发生中毒时应立即停喂含未脱毒的棉子或棉子饼粕，改喂其他易消化的优质饲料。尚有食欲者，可口服硫酸钠2～6g，鞣酸蛋白

图6-13-5　棉子与棉子饼粕中毒病兔肺脏有出血点，胸腔积液

0.3 ～ 0.5g，饮用多维电解质或口服补液盐溶液。无食欲者，可用0.1%高锰酸钾液或3%碳酸氢钠液洗胃，然后灌服硫酸亚铁2 ～ 3g。抗菌消炎，保护胃肠黏膜，2%环丙沙星注射液，每千克体重0.1mL，肌内注射，每天2次；补液利尿，经口内服人工盐15 ～ 20mL，利尿可用双氢氯噻唑，每兔每次0.01 ～ 0.02g，内服，每天2次。病情严重者可静脉注射10%葡萄糖溶液20mL，维生素C5mL，安钠咖0.2g；或维生素A10万单位、维生素D20万单位，隔日肌内注射，每天2次。

十四、菜子饼粕中毒

菜子饼粕中毒是指动物长期或大量摄入含有硫葡萄糖苷的分解产物的油菜子饼粕引起的以急性胃肠炎、肺气肿、肺水肿、肾炎和甲状腺肿大为特征的中毒病。

【发病原因】在菜子饼粕中含有芥子苷、芥酸、芥子酶等成分，含毒量多少因品种、油脂加工工艺及土壤含硫量多少而有较大的差异。芥子苷在兔胃内经芥子酶水解，产生多种有毒降解物质，如异硫氰酸酯、噁唑烷硫酮、腈和芥子碱等。这些物质对黏膜具有较强的刺激和损害作用，可引起胃肠炎、肾炎及支气管炎，甚至肺水肿，还可引起甲状腺肿大、新陈代谢紊乱、血斑，并影响肝脏等器官的功能。一般菜子饼粕可占家兔日粮的5%，若采食量过大或未经脱毒处理即可引起中毒。

【临诊症状】兔采食后20 ～ 24小时发作，表现精神委顿，不食，流涎，缺钙，腹泻，腹痛，粪中带有少许血液。尿频，血尿，排尿痛苦，排出尿液很快凝固（图6-14-1），肾区疼痛，弓背，后躯不能站立，呈犬坐姿势，体温高达40.3 ～ 40.8℃，可视黏膜苍白，轻度感染，心率加快，呼吸增速。有的发生肺气肿，易引起肺水肿，呼吸困难，两侧鼻孔流出泡沫状鼻液。慢性中毒的兔，均可发生甲状腺肿大，体重下降，幼龄兔表现生长缓慢。妊娠母兔表现妊娠期延长，新生仔兔发育不良，甲状腺肿大，病死率升高。

【病理变化】剖检可见黏膜苍白、黄染；肺脏轻度淤血、水肿；胃肠黏膜水肿、充血、出血、呈卡他性出血性炎症变化；肝脏淤血、肿大、坏死，表面混浊无光泽，切面结构模糊、湿润；肾脏肿大、暗红色（图6-14-2），切面实质出血，皮质增宽，肾盂内就有血液（图6-14-3）；脾脏轻度淤血，但不见肿大；心脏松软，心腔内积有凝固血液，其他脏器肉眼未见异常变化。

图6-14-1 菜子饼粕中毒病兔表现尿频，血尿，排尿痛苦，排出尿液很快凝固

图6-14-2 肾脏肿大、暗红色

图6-14-3 切面实质出血，皮质增宽，肾盂内就有血液

【诊断】根据长期采食生菜子饼粕的病史；有不吃、流涎、腹痛、粪中带血、血尿、心跳加快、精神沉郁、体温升高等临诊典型症状；剖检胃肠黏膜水肿、充血、充血、呈卡他性出血性炎症，肺脏水肿，肝脏淤血、肿大、坏死，肾脏肿大等病理变化，可做出诊断。

【防控】

（1）预防　近年来，菜子饼粕中毒量临诊上较为多见，引起死亡的也不少，故必须加强预防。预防本病的关键是合理使用菜子饼粕的量，并与其他日粮搭配使用，同时增加维生素和微量元素碘的量。对新购的菜子饼粕或含有菜子的配合料，喂后应看是否有不良反应，以利及早发现，及时治疗。有条件时最好对菜子饼粕进行去毒处理，最简便的方法是浸泡煮沸法，即将菜子饼粕粉碎后用热水浸泡12～24小时，弃掉浸泡液再加水煮沸1～2小时，使毒素蒸发掉后再饲喂家兔，也可使用坑埋法、热处理法、化学处理法、微生物降解法和溶剂提取法等。此外，引进和选育双低油菜品种是菜子饼粕去毒和提高其营养价值的根本途径。

（2）治疗　本病无特效疗法，发现中毒后，首先停喂菜子饼粕及添加菜子饼粕的饲料，改变饲料配方，以碘盐替代食盐饲给。为保护胃肠道黏膜，促进毒物的排出，可用滑石粉10～20g，加水适量灌服，加入苏打5～10g或甘草末2g效果更佳。也可服盐类泻剂，如硫酸镁10～15g、苏打5g，加水适量，灌服。也可灌服0.1%高锰酸钾溶液、浓茶水，也可将茵陈30g、茯苓15g、泽泻15g、当归10g、白芍10g、甘草10g煎汁，分2次灌服。采取强心利尿、改善血液循环、稀释毒素、提高肝脏解毒机能、抗菌消炎等对症疗法。在日粮中加10%鲜牛奶和适量鲜青菜，改善饲养管理，增加采食。病重的家兔可静脉注射10%葡萄糖溶液10～20mL、维生素C5mL。

十五、栎树叶中毒

栎树又叫柞树、青杠树，是壳斗科、栎属植物的俗称，为多年生乔木或灌木（图6-15-1）。早春青草缺乏时，栎树叶可用作家兔的饲料。但其也有毒，大量采食会引起中毒。多发生于早春季节。

图6-15-1　栎树

图6-15-2 栎树叶

【发病病因】栎树叶（图6-15-2）中含有大量的栎单宁，进入胃肠道后进一步水解为毒性更大的多羟基酚类化合物，对动物产生毒害作用。本病发生具有明显的地区性和季节性，只发生于栎树生长地区，3～5月份饲草贫乏时，家兔长期或大量采食而中毒。

【临诊症状】中毒家兔表现精神极度沉郁，食欲减退，爱吃干草，消化不良，腹痛，便秘，粪便便秘附有褐色血丝。排尿频数，尿量增多，不久尿量减少直至完全尿闭。腹下水肿，腹围增大，最后因肾功能衰竭而死亡。

【病理变化】剖检可见皮下水肿，体腔积液，胃肠黏膜充血、出血，肾脏色淡、变性（图6-15-3）。

【诊断】根据发病原因、临诊症状和病理变化等可做出初步诊断。

【防控】

（1）预防　在发病地区和季节限制栎树叶的饲喂量，一般不超过日粮的40%，饲喂时间不宜过长，也可将栎树叶用0.1%高锰酸钾溶液浸泡后饲喂。

图6-15-3 栎树叶中毒病兔剖检可见肾脏色淡、变性

（2）治疗　本病的治疗原则为排除毒物，解毒和对症治疗。发现中毒后，立即停止饲喂栎树叶，中毒家兔静脉注射10%硫代硫酸钠5～10mL，5%碳酸氢钠2～5mL，同时进行支持和对症治疗。对出现水肿和腹腔积水的病兔，用利尿剂。为控制炎症可内服或注射抗生素或磺胺类药物。

十六、疯草中毒

"疯草"是棘豆属和黄芪属中有毒植物的统称，主要有黄花棘豆（图6-16-1）、甘肃棘豆（图6-16-2）、小花棘豆、密花棘豆、急弯棘豆和茎直黄芪（图6-16-3）、变异黄芪等。动物长期采食能引起中毒。临诊症状以头部震颤，后肢麻痹等神经症状为主。由疯草引起的动物中毒统称为"疯草病"，或称"疯草中毒"。

【发病病因】疯草中毒多因采食含有有毒成分苦马豆素的疯草。采食疯草数量与发病有关，大量采食疯草才能表现临诊症状。夏秋季节多发。

【临诊症状】一般多为慢性，要采食一定时间后才出现症状，有的秋季采食冬季才出现病状。中毒兔表现精神迟钝，甚至痴呆，

图6-16-1 黄花棘豆的植株与花序

图6-16-2 甘肃生长的甘肃棘豆

图6-16-3 西藏地区密生的茎直黄芪

腰腿无力,对声音反应淡漠,有的出现神经症状,表现兴奋或沉郁。两耳耷拉、发紫(图6-16-4),有的视觉障碍,后肢强直、行走不便,死亡。

【病理变化】剖检可见皮下水肿,水肿液和皮下脂肪呈黄色胶冻样。胸腹腔及心包中均有多量黄色透明液体。胃肠浆膜呈黄色(图6-16-5),黏膜有出血点和坏死灶,肠系膜淋巴结水肿。肝脏肿大、质硬,表面呈棕黄色。肾脏有充血(图6-16-6),切面呈现红色,有的表面有黄色条纹,有的肾脏呈土黄色。心脏冠状沟脂肪呈黄色胶状。

图6-16-4 疯草中毒病兔表现两耳耷拉、发紫

图6-16-5 疯草中毒病兔的胃肠浆膜呈黄色

图6-16-6 疯草中毒病兔的肾脏充血

【诊断】主要依据疯草中毒特有的临诊症状，如后躯腰腿无力、行走不便、视觉障碍等，结合采食疯草的病史，即可做出诊断。疯草中毒可根据采食疯草的病史，结合运动障碍为特征的神经症状，不难做出诊断。

【防控】

（1）预防　防止家兔大量或长期采食疯草。

（2）治疗　发现中毒病兔应立即停喂。对轻度中毒的病兔，及时转移到无疯草的场地饲喂易消化的优质饲草，适当补饲，一般可不药而愈。中毒较重的兔按每千克体重静脉注射10%硫代硫酸钠1mL，葡萄糖盐水50～100mL，同时配合对症治疗。严重中毒的病兔，目前尚无有效治疗方法。

十七、药物中毒

（一）马杜拉霉素中毒

马杜拉霉素的商品名有杜球、加福、抗球王、杀球王、球杀死等，它是聚醚类抗生素中效力最强的离子载体抗球虫剂，它既能杀死球虫，也可抑制球虫生长，能有效地控制多种球虫的感染，具有用量少、无残留、不易产生耐药性等优点，广泛用于肉鸡球虫病的防治。本药安全范围很小，据有关资料分析，肉鸡的防治剂量为每千克体重5mg，中毒剂量为每千克体重6mg，死亡剂量为每千克体重9mg。家兔等哺乳动物对马杜拉霉素更敏感，中毒死亡率可达50%～100%。

【发病原因】主要是由于治疗兔球虫病时马杜拉霉素添加剂量过大或搅拌不均匀而引起。据报道，对鸡是安全剂量的马杜拉霉素也可能引起家兔中毒。因此，家兔等哺乳动物对马杜拉霉素更敏感，临诊上应慎用。

【临诊症状】少数病兔在用药后8小时表现急性中毒症状，突然兴奋乱窜、随即尖叫几声后死亡。大多数病兔一般在饲喂1～2天开始发病，表现为精神不振，开始饮水多，以后食欲废绝，感觉迟钝、共济失调或四肢瘫痪，但体温正常。腿外叉趴地，嘴触地，身体前翻（图6-17-1）。粪球变小，有的口角流涎，有的流出血液。以断奶至2月龄兔发病和死亡率最高，怀孕母兔流产，腹部膨胀，严重的引起死亡。

【病理变化】剖检可见肝脏肿大、质脆，有坏死灶；胆囊肿大；腹腔有淡黄色积液，有纤维素性渗出物；胃黏膜脱落（图6-17-2）、幽门处出血；肠黏膜脱落、出血；肾脏肿大有出血点（图6-17-3）；膀胱充盈、积满尿液（图6-17-4）；胸腔有淡黄色渗出液，有纤维素性渗出物；心包积液；肺脏水肿，有出血斑点（图6-17-5）。

图6-17-1 马杜拉霉素中毒病兔表现腿外叉趴地，嘴触地，身体前翻

图6-17-2 马杜拉霉素中毒病兔剖检可见胃黏膜脱落

图6-17-3 马杜拉霉素中毒病兔肾脏肿大有出血点

图6-17-4 马杜拉霉素中毒病兔膀胱充盈、积满尿液

图6-17-5　马杜拉霉素中毒病兔肺脏水肿，有出血斑点

【诊断】根据病史调查、病因分析；测定饲料中的药量检测；出现神经症状和运动障碍等典型症状；解剖后肝脏肿大、质脆、有坏死灶，肺脏水肿有出血斑点，肾脏肿大有出血点等病理变化；实验室取肝脏、肺脏及渗出液涂片，姬姆萨染色，镜检，没发现细菌；用兔肝脏、肾脏进行人"O"型红细胞凝集实验，结果为阴性，排除量兔病毒性出血症。据此初步诊断为马杜拉霉素中毒。

【防控】

（1）预防　禁止将马杜拉霉素用于家兔。许多抗球虫药的有效成分是马杜拉霉素，用户要加以辨别，避免重复用药。

（2）治疗　发生中毒时，立即停喂含马杜拉霉素的饲料，适量添喂适口性良好的青绿饲料。饮水中添加0.5%的食盐、水溶性电解质多维、0.1%的维生素C、5%的葡萄糖等进行保肝排毒，减轻症状，增强机体抵抗力；中毒较重者，可肌内注射维生素C、维生素B、肝泰乐等，并适当提高日粮蛋白质和能量水平；为防止继发感染，

适量应用广谱抗生素，如环丙沙星，每吨饮水中加200～300g，同时加强饲养管理。

（二）磺胺类药物中毒

磺胺类药物是广谱抑菌剂，主要有磺胺嘧啶、磺胺脒、复方新诺明、磺胺二甲嘧啶、磺胺喹噁啉等，为兽医临诊治疗家兔细菌性疾病和球虫病的常用药物。当用药过量或持续大量用药，就会引起中毒。

【发病原因】磺胺类药物用药剂量过大或大剂量长时间连续使用，均可引起中毒。静脉注射磺胺嘧啶钠时，剂量过大或注射速度过快也可引起急性中毒。缺乏饮水时可加重其毒性。其毒害作用主要是损害肾脏，同时能导致黄疸、过敏、酸中毒和免疫抑制等。

【临诊症状】急性中毒，以药物性休克为主，中毒家兔表现厌食，腹泻，神经兴奋，共济失调，肌变性无力，痉挛性麻痹，惊厥，以致昏迷死亡（图6-17-6）。慢性中毒，表现食欲不振，喜饮水，腹泻，消化不良，生长缓慢。溶血性贫血，凝血时间延长，并有程度不同的神经症状。有的在尿道形成结晶，出现结晶尿（图6-17-7）、血尿（图6-17-8）、蛋白尿、尿淋沥或尿闭等。

图6-17-6 磺胺类药物中毒家兔表现共济失调，肌变性无力，痉挛性麻痹，惊厥，以致昏迷死亡

尿结晶

图6-17-7 磺胺类药物中毒家兔出现结晶尿

图6-17-8 磺胺类药物中毒家兔出现血尿

　　【病理变化】剖检可见可视黏膜黄染，皮肤、肌肉和内脏器官出血，胃肠道弥漫性出血。肝脏肿大、质脆，呈黄褐色（图6-17-9）。肾脏色淡，肾盂及泌尿道常有结石。

图6-17-9 磺胺类药物中毒家兔肝脏肿大、质脆，呈黄褐色

【诊断】根据使用磺胺类药物过量或长时间大剂量使用；家兔出现药物性休克、神经症状和溶血性贫血等临诊症状；剖检可见肝脏肿大、质脆、呈黄褐色，肾脏色淡，肾盂及泌尿道常用结石等病理变化，可做出诊断。

【防控】

（1）预防　应用磺胺类药物，应严格控制用药剂量和用药时间。用药期间给予充足的饮水，并配合使用碳酸氢钠，以减少结晶的形成，加速药物的排泄。静脉注射磺胺类药物时，剂量不宜过大，速度也不宜过快。

（2）治疗　发现磺胺类药物中毒时，立即停止用药，多给饮水，投服碳酸氢钠1～2g，补充富含维生素的饲料或维生素制剂，促进药物的排泄和解毒，并配合其他辅助疗法。

（三）阿维菌素（伊维菌素）中毒

阿维菌素又称阿福丁、虫克星等。对各种胃肠道线虫及体表的虱、蜱、螨及蝇等，都具有较好的驱杀作用。目前市售的有1%的

皮下注射剂、口服粉剂、体表涂擦剂等，因其临诊用量很小，剂量不易掌握，经常发生中毒。伊维菌素为人工半合成阿维菌素衍生物，与阿维菌素作用相同，尽管其毒性较阿维菌素低，但用量过大也会引起中毒。

【发病原因】阿维菌素的使用剂量仅为每千克体重 0.1～0.2mg，皮下注射时剂量计算错误而用量过大，或口服给药时用量过大、搅拌不均匀等，都可引起家兔中毒。据报道，口服给药时中毒的机会较多，阿维菌素中毒的机会比伊维菌素多。

【临诊症状】家兔中毒后表现兴奋不安，食欲废绝，口水增多（图6-17-10），腹痛，瞳孔散大，肌肉震颤（图6-17-11），呼吸促迫，严重者导致失明。后期极度沉郁，昏迷死亡。

图6-17-10 阿维菌素（伊维菌素）中毒家兔表现食欲废绝，口水增多

图6-17-11 阿维菌素（伊维菌素）中毒家兔表现瞳孔散大，肌肉震颤

【防控】

（1）预防　根据家兔体重严格计算用量，一般每隔7～10天用药一次，不宜连续使用。

（2）治疗　一旦发生中毒，立即停止用药，中毒家兔应用葡萄糖、维生素C、肝泰乐等一般解毒，同时进行对症治疗。阿托品有一定疗效。

兔常见病诊治彩色图谱

REFERENCES ➡ 参考文献

[1] 中国兽医协会. 2013年执业兽医资格考试应试指南（兽医全科类）[M]. 北京：中国农业出版社，2012

[2] 李家瑞. 特种经济动物养殖. 北京：中国农业出版社，2002

[3] 陈溥言. 兽医传染病学. 第五版. 北京：中国农业出版社. 2006

[4] 李宏全. 门诊兽医手册. 北京：中国农业出版社. 2004

[5] 谷子林，任克良. 中国家兔产业化. 北京：金盾出版社，2010

[6] 任文社，董仲生. 家兔生产与疾病防治. 北京：中国农业出版社，2010

[7] 谷子林，孙惠军. 肉兔日程管理及应急技巧. 北京：中国农业出版社，2011

[8] 单永利，张宝庆，王双同. 现代养兔新技术. 北京：中国农业出版社，2004

[9] 张玉. 獭兔养殖大全. 第二版. 北京：中国农业出版社，2010

[10] 刘汉中. 獭兔日程管理及应急技巧. 北京：中国农业出版社，2011

[11] 宋晓春，刘佩玉等. 兽药经营管理与真伪鉴别. 上海：上海科学技术出版社，1997

[12] 阎继业. 畜禽药物手册. 第二版. 北京：金盾出版社，2003

[13] 丁轲，薛帮群. 兔场卫生防疫. 郑州：河南科学技术出版社，2013

[14] 姜金庆，魏刚才. 规模化兔场兽医手册. 北京：化学工业出版社，2013

[15] 袁宗辉. 饲料药物学. 北京：中国农业出版社，2001

欢迎订阅畜牧兽医专业科技图书

●专业书目

书号	书名	定价
19019	投资养猪—你准备好了吗	35
17027	现代生猪高效益养殖技术	29.8
16858	生态高效养猪技术	29.8
09720	猪病诊疗与处理手册（第2版）	25
07981	土法良方治猪病	19.8
06945	四季识猪病及猪病防控	23
16597	节粮养猪诀窍	19.8
15971	规模化猪场兽医手册	35
15655	猪场兽药使用与猪病防治技术	29.8
04433	新编中兽医验方与妙用	49
04152	简明猪病诊断与防治原色图谱	22
14544	种猪选育与饲养管理技术	38
14020	种草养猪手册	25
04119	新编猪场疾病控制技术	29
13855	如何提高中小规模猪场养殖效益	28
13783	猪安全高效生产技术	25
02246	猪病防治问答	19.8
08822	科学自配猪饲料	25
13728	猪病速诊快治技术	25
13726	猪病误诊误治与纠误	27
08193	现代实用养猪技术大全	38
13600	养猪科学安全用药指南	25

书号	书名	定价
13164	猪病快速诊治	25
12439	猪规模化高效生产技术	23
11594	发酵床养猪新技术	25
07004	猪场消毒、免疫接种和药物保健技术	23
10794	高产母猪健康养殖技术	19.8
10791	大棚高效养猪技术	19.8
03990	高效健康养猪关键技术	25
03809	快速养猪出栏法	19.8
04134	新编母猪饲料配方600例	15
04284	新编仔猪饲料配方600例	18
05303	怎样科学办好中小型猪场	29.8
02868	猪传染性疾病快速检测技术	35

如需以上图书的内容简介、详细目录以及更多的科技图书信息，请登录 www.cip.com.cn。

邮购地址：（100011）北京市东城区青年湖南街13号 化学工业出版社

服务电话：010-64518888，64518800（销售中心）

如要出版新著，请与编辑联系。

联系方法：010-64519352 sgl@cip.com.cn（邵桂林）